智能控制系统集成与装调

徐小明　孙锡保　盛艳君　主编

尹静文　沙　莎　郑小慧　贾艳瑞　杨　威　申向丽　副主编

清華大学出版社

北　京

内 容 简 介

本书以理念创新为先导，采取“任务＋学习活动”创新学习方式和教育模式，是促进学生主动、有效学习的立体可视化教材。本书通过企业典型案例，深入浅出地介绍了智能控制系统集成与装调控制系统的实现方法，工业机器人、机器视觉系统和PLC编程与组态的设计方法与使用技巧，以及工业机器人智能检测与装配工作站的工程实例，融“教、学、做”为一体，“工学结合、任务驱动”，具有可操作性和实践性。本书注重强化学生的创新意识，培养学生解决实际工程任务的综合技能，提升学生精益求精的工匠精神和职业技能。

本书内容丰富、重点突出，强调知识的实用性，读者可以扫描书中的二维码使用微课和动画资源辅助学习。本书适用于高等职业院校智能控制类、机电类和电气类的“智能控制系统集成与装调”课程，可作为“1＋X”工业机器人应用编程初级、中级取证教材，也可供入门和提高级别的工程技术人员使用。

图书在版编目（CIP）数据

智能控制系统集成与装调/徐小明，孙锡保，盛艳君主编. —北京：清华大学出版社，2023.4
ISBN 978-7-302-62900-9

Ⅰ. ①智… Ⅱ. ①徐… ②孙… ③盛… Ⅲ. ①智能控制－控制系统 Ⅳ. ①TP273

中国国家版本馆CIP数据核字(2023)第035813号

责任编辑：王剑乔
封面设计：何凤霞
责任校对：袁 芳
责任印制：丛怀宇

出版发行：清华大学出版社
网　址：http://www.tup.com.cn，http://www.wqbook.com
地　址：北京清华大学学研大厦A座　**邮　编**：100084
社 总 机：010-83470000　**邮　购**：010-62786544
投稿与读者服务：010-62776969，c-service@tup.tsinghua.edu.cn
质量反馈：010-62772015，zhiliang@tup.tsinghua.edu.cn
课件下载：http://www.tup.com.cn，010-83470410
印 装 者：三河市人民印务有限公司
经　销：全国新华书店
开　本：185mm×260mm　**印　张**：18　**字　数**：427千字
版　次：2023年4月第1版　**印　次**：2023年4月第1次印刷
定　价：59.00元(全两册)

产品编号：097515-01

前言

PREFACE

党的二十大报告指出，要“推动制造业高端化、智能化、绿色化发展”“必须坚持科技是第一生产力、人才是第一资源、创新是第一动力”。在新一轮科技革命和产业变革中，智能制造是新一轮工业革命的核心技术。

本书共分为5个项目，分别是智能制造概述、工业机器人编程与调试、机器视觉系统安装与调试、智能控制系统PLC编程与组态设计、工业机器人智能检测与装配工作站的安装与调试。全书共包括20个任务。

本书为立体化新形态教材，采用项目驱动教学法。在任务的选择上，以校企合作单位真实环境下的工作任务为基础，以学校“1+X”工业机器人应用编程设备考核项目为主线，整合相应的知识链和技能点，实现了理论知识和实际工作的统一。本书的知识编排符合学生的认知及学习规律，可培养学生的创新能力和实践能力。

“智能控制系统集成与装调”课程为高等职业教育智能控制技术专业的基础课程，通过本书项目中任务的学习和实践，学生可充分掌握工业机器人应用编程、视觉标定、PLC控制等知识，最终完成工业机器人自动识别搬运和装配过程的学习任务。本书可为企业培养“能用上”“可发展”、与企业“无缝对接”的急需技能型人才提供有力支持。

本书由新乡职业技术学院徐小明、孙锡保、盛艳君、尹静文、沙莎、郑小慧、贾艳瑞、申向丽和武汉华中数控股份有限公司杨威编写，新乡转向系统有限公司刘健和康磊磊提供了技术支持，武汉华中数控股份有限公司孙海亮主审。本书的编写得到了武汉华中数控股份有限公司的大力支持，在此表示感谢。

由于编者水平有限，加上技术发展迅速，书中难免存在一些疏漏之处，敬请广大读者批评、指正。

编　者

2023年1月

前言

目录

CONTENTS

教学课件、试题集、教学案例、教学设计

项目1

智能制造概述

项目描述：当前中国正处于经济结构调整转型升级的关键期，而智能制造技术则是助力中国经济转型、迈向创新社会的重要举措。近年来，校企融合智能制造技术在企业的发展势头强劲，智能制造人才的培养必将推动我国经济结构调整的步伐。本项目以智能制造设备平台（武汉华中数控股份有限公司的"1+X"工业机器人应用编程平台）为例，讲解该设备平台的组成和功能，以及各组成部分的控制关系及平台可开展的实训项目。

思维导图

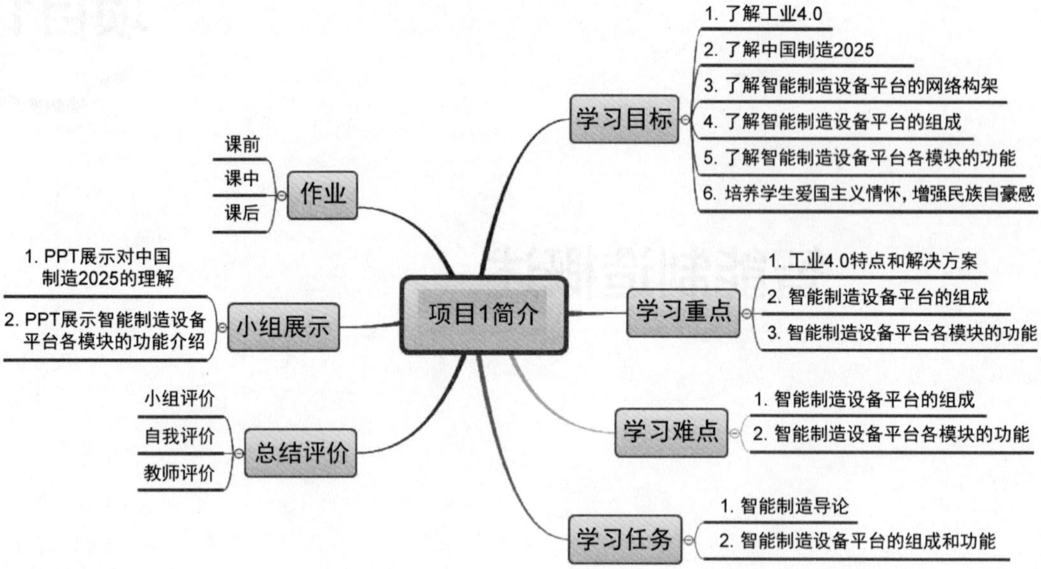

细语润心田

制造业是国民经济的主体，是立国之本、兴国之器、强国之基。自18世纪中叶开启工业文明以来，世界强国的兴衰史和中华民族的奋斗史一再证明，没有强大的制造业，就没有国家和民族的强盛。打造具有国际竞争力的制造业，是我国提升综合国力、保障国家安全、建设世界强国的必由之路。通过学习智能制造技术，我们要获取所需的专业知识，为实现中国智能制造2025而助力，为我国向制造业强国迈进、让人民生活得更美好而努力，用实际行动为国争光。

任务1.1 智能制造导论

智能制造导论

任务1.1 三维动画

学习目标

1. 知识目标

(1) 了解智能制造的概念。

(2) 了解什么是工业4.0。

(3) 了解工业4.0的特点及解决方案。

(4) 了解中国制造2025。

2. 能力目标

(1) 能快速获得学习中所需要的知识。

(2) 能围绕主题参与小组交流和讨论,并清晰地表达自己的见解。

3. 情感目标

(1) 了解我国国情,具有推动技术革新的责任感。

(2) 了解中国制造 2025,建立从制造大国变为制造强国的自豪感。

任务描述

(1) 全面了解工业 4.0。

(2) 了解中国制造 2025 产业规划。

学习工作流程

学习活动:全面了解"中国制造 2025"。

相关知识

1. 智能制造的概念

智能制造(intelligent manufacturing,IM)简称智造,源自人工智能的研究成果,是一种由智能机器和人类专家共同组成的人机一体化智能系统。该系统在制造过程中可以进行诸如分析、推理、判断、构思和决策等智能活动,同时基于人与智能机器的合作,扩大、延伸并部分地取代人在制造过程中的脑力劳动。智能制造更新了自动化制造的概念,使其向柔性化、智能化和高度集成化扩展。

2. 工业 4.0

所谓工业 4.0(Industry 4.0),是基于工业发展的不同阶段做出的划分。按照共识,工业 1.0 是蒸汽机时代,工业 2.0 是电气化时代,工业 3.0 是信息化时代,工业 4.0 则是利用信息化技术促进产业变革的时代,也就是智能化时代。

1) 工业 4.0 的特点

(1) 互联:工业 4.0 的核心是连接,要把设备、生产线、工厂、供应商、产品和客户紧密地联系在一起。

(2) 数据:工业 4.0 连接产品数据、设备数据、研发数据、工业链数据、运营数据、管理数据、销售数据、消费者数据。

(3) 集成:工业 4.0 将无处不在的传感器、嵌入式终端系统、智能控制系统、通信设施通过信息物理系统(CPS)形成一个智能网络。通过这个智能网络,使人与人、人与机器、机器与机器以及服务与服务之间能够形成互联,从而实现横向、纵向和端到端的高度集成。

(4) 创新:工业 4.0 的实施过程是制造业创新发展的过程,制造技术、产品、模式、业态、组织等方面的创新将会层出不穷,从技术创新到产品创新、模式创新,再到业态创新,最后到组织创新。

(5) 转型：对于中国的传统制造业而言，转型实际上是从传统的工厂，从 2.0、3.0 的工厂转型到 4.0 的工厂，整个生产形态上，从大规模生产转向个性化定制，从而使整个生产的过程更加柔性化、个性化、定制化，这是工业 4.0 一个非常重要的特征。

2) 工业 4.0 六重天

(1) 智能生产：生产的原材料和生产设备智能连接起来。利用射频识别技术(RFID)，根据生产订单和个性化、柔性化的生产工艺，借助工业无线通信智能生产所需产品。

(2) 智能产品：生产的过程智能化了，那么作为成品的工业产品，也同样可以智能化，这个不难理解，例如，智能手环、智能自行车、智能跑鞋等智能硬件都是这个思路，就是把产品作为一个数据采集端，不断地采集用户的数据并上传到云端，方便用户进行管理。

(3) 生产服务化：智能产品会不断地采集用户的数据和状态，并上传给厂商，这就使一种新的商业模式成为可能——向服务收费。

(4) 大数据时代：当工厂的两化融合(信息化和工业化的高度融合)进一步深入时，另一种新的商业模式就孕育而生了，这就是云工厂。

(5) 跨行业冲击：互联网行业所说的降维打击传统行业，当工业 4.0 进入第五重天时，工业企业的跨界打击将比这些互联网企业猛烈百倍。这个过程将从根本上撼动现代经济学和管理学的根基，重塑整个商业社会。

(6) 软件重定义：整个工业 4.0 过程就是自动化和信息化不断融合的过程，也是用软件重新定义世界的过程。

3) 工业 4.0 解决方案

工业 4.0 解决方案包括软件和硬件：软件有工业物联网、工业网络安全、工业大数据、云计算平台、MES、虚拟现实、人工智能、知识工作自动化等；硬件有工业机器人(包括高端零部件)、传感器、RFID、3D 打印、机器视觉、智能物流(AGV)、PLC、数据采集器、工业交换机等。

3. 中国制造 2025

"中国制造 2025"与德国"工业 4.0"的合作对接渊源已久。2015 年 5 月，国务院正式印发《中国制造 2025》，部署全面推进实施制造强国战略。

1) 制造强国三步走

《中国制造 2025》提出，通过"三步走"实现制造强国的战略目标，大体上每一步用十年左右的时间实现：第一步，到 2025 年迈入制造强国行列；第二步，到 2035 年我国制造业整体达到世界制造强国阵营中等水平；第三步，到中华人民共和国成立一百年时，我国制造业大国地位更加巩固，综合实力进入世界制造强国前列。原工信部部长苗圩曾表示，"这意味着，到 2025 年，我国综合指数接近德国、日本实现工业化时的制造强国水平，基本实现工业化，进入世界制造业强国第二方阵。"

2) 五项重大工程

(1) 国家制造业创新中心建设工程，面向未来十大重点领域的基础研究和产业化工程，建设一批产学研用相结合的制造业创新中心。

(2) 工业强基工程，主要解决基础零部件、基础工艺、基础材料落后问题。

(3) 绿色制造工程，加快实施工业绿色发展战略，全面推进企业的清洁生产，大力推进节能环保产业的发展等。

(4) 高端装备制造业创新，在实施互联网、数控机床、大飞机等专项的基础上，推进新的高端装备创新专项。

(5) 智能制造，是新一轮科技革命的核心，也是制造业数字化、网络化、智能化的主攻方向，通过智能制造，带动产业数字化水平和智能化水平的提高。

3) 十大重点领域

《中国制造 2025》选择了十大优势和战略产业实现重点突破，力争到 2025 年处于国际领先地位或国际先进水平。十个重点发展领域是：新一代信息通信技术产业、高档数控机床和机器人、航空航天装备、海洋工程装备及高技术船舶、先进轨道交通装备、节能与新能源汽车、电力装备、农业装备、新材料、生物医药及高性能医疗器械。

任务 1.2　智能制造设备平台的组成和功能

学习目标

1. 知识目标

(1) 了解智能制造设备平台的网络架构。
(2) 掌握智能制造设备平台系统的组成。
(3) 了解智能制造设备平台各模块的功能。

任务 1.2
三维动画

2. 能力目标

(1) 能够识别智能制造设备平台的各组成部分。
(2) 能够说出智能制造设备平台各组成部分所起的作用。

3. 情感目标

(1) 培养学习新技术和新知识的自修能力。
(2) 培养敬业、精益、专注、创新的“工匠精神”。

任务描述

本任务将以智能制造设备平台(武汉华中数控股份有限公司的“1+X”工业机器人应用编程平台)为例，向同学们讲解该设备的组成和功能，以及各组成部分的控制关系，如图 1-2-1 和图 1-2-2 所示。

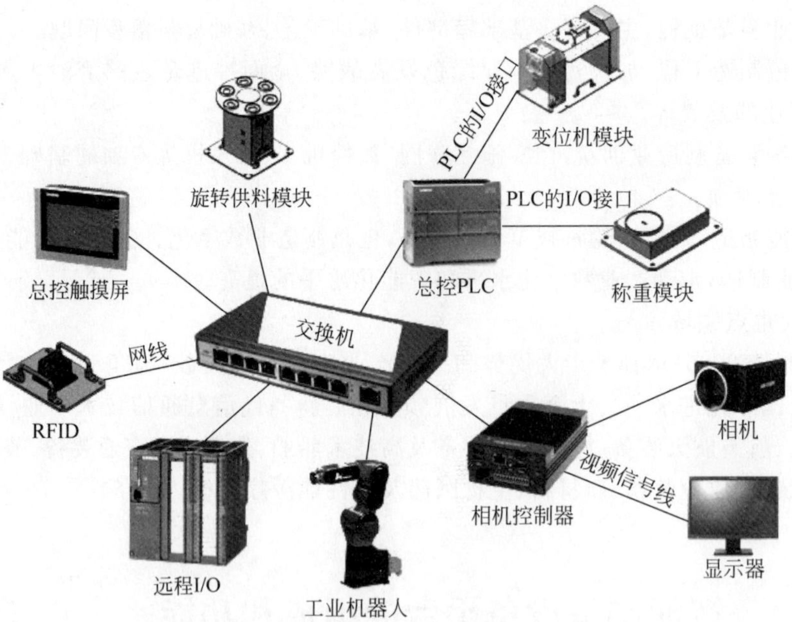

图 1-2-1 网络示意图

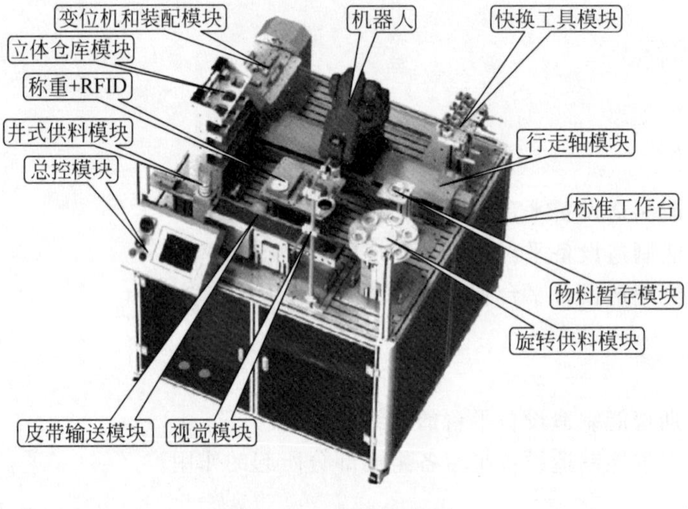

图 1-2-2 设备示意图

学习工作流程

学习活动 1：智能制造设备平台的组成。

学习活动 2：智能制造设备平台各模块的功能介绍。

相关知识

1. 设备平台的主要构成

智能制造设备平台主要由六轴工业机器人、总控模块、快换工具模块、井式供料模块、视觉模块、皮带输送模块、旋转供料模块、变位机模块、装配模块、称重模块、RFID模块、立体仓库模块、行走轴模块(HSB)、电机装配模块、码垛模块、搬运模块、绘图模块等组成。

2. 设备平台的主要特点

智能制造设备平台采用模块化设计,融入工业机器人技术、机械传动技术、电子电工技术、多种作业技术、智能传感技术、可编程控制技术、机器视觉技术、计算机技术、串口通信技术、以太网通信技术等先进制造技术,涵盖工业机器人、机械设计、电气自动化、智能传感技术、智能制造等多门学科的专业知识。

3. 主要装配产品

电机:由电机底座、电机转子和电机盖板组成。

关节轴:由关节底座、电机、减速器和法兰组成。

产品有三种颜色:白色、黄色和蓝色。

4. 设备平台各模块的功能介绍

1) 六轴工业机器人

智能制造设备平台使用的是华数机器人,如图1-2-3所示,型号为HSR-JR603,机器人包括机器人本体、示教器、机器人电控柜以及末端工具装置。其中,工业机器人的最大负荷为3kg,臂长为571.5mm,重复定位精度为±0.01mm。华数机器人第六轴安装有专用快换工具,包括吸盘和夹爪,用于物料的搬运等工作。

2) 总控模块

总控模块通过I/O和以太网与机器人进行数据交互,辅助机器人对各功能模块进行控制,包括总控模块、触摸屏、PLC、开关电源、伺服驱动和交换机等。图1-2-4所示为总控模块触摸屏。

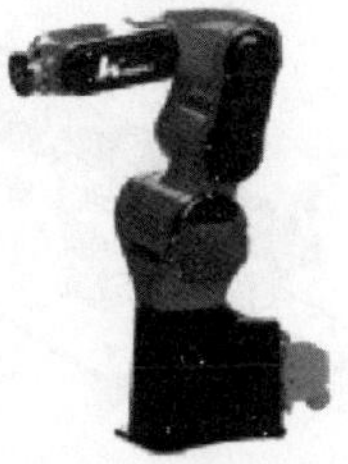

图1-2-3　工业机器人示意图

图1-2-4　总控模块触摸屏示意图

3) 快换工具模块

快换工具装置是工业机器人在末端执行器使用的一种柔性连接工具,如图1-2-5所示。快换装置使单个机器人能够在制造和装备过程中交换使用不同的末端执行器以增加柔性,被广泛应用于自动点焊、弧焊、材料抓举、冲压、检测、卷边、装配、材料去除、毛刺清理(打磨)、包装等操作,具有生产线更换快速、有效减少停工时间等多种优势。

4) 井式供料模块

井式供料模块由圆柱形料筒和伸缩气缸组成,圆柱形料筒内径为50mm,可同时装入机器人关节的减速机和输出法兰两种圆形物料，圆柱料筒底部配置对射型传感器，检测工件的有无，气缸配置磁性开关，检测动作是否执行，气缸动作及其传感器信号均由 PLC 控制。供料单元是整套设备中的起始单元，在整个系统中起着向系统中其他单元提供原料的作用，如图 1-2-6 所示。

图 1-2-5　快换工具模块示意图

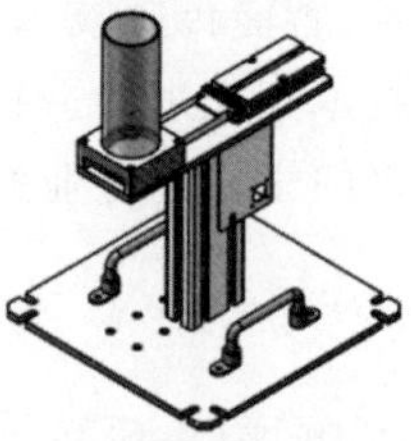

图 1-2-6　井式供料模块示意图

5）视觉模块

视觉模块是用于自动检验、工件加工和装配自动化以及生产过程的控制和监视的图像识别机器。工业视觉系统的图像识别过程是按任务需要从原始图像数据中提取有关信息、高度概括地描述图像内容，以便对图像的某些内容加以解释和判断。

视觉模块主要包含相机、光源、控制器、通信软件和应用软件。视觉控制器为外部 PC，可检测工件外形轮廓、工件颜色、工件坐标值，其信息通过 TCP/IP 发送到机器人控制器，如图 1-2-7 所示。

6）皮带输送模块

皮带输送模块主要由皮带线输送机、工件上料检测传感器、工件到位检测传感器组成。皮带线输送机采用 0～3000r/min 直流电机驱动，运动减速比为 1∶50，可通过 PLC 控制模拟量进行调速，控制启停，如图 1-2-8 所示。

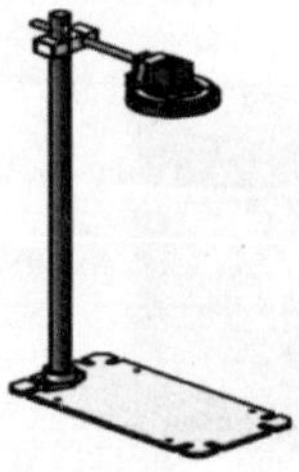

图 1-2-7　视觉模块示意图

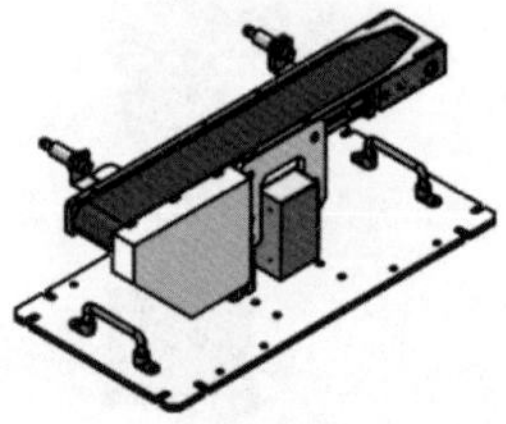

图 1-2-8　皮带输送模块示意图

7）旋转供料模块

旋转供料器是散状物料输送的主要设备，以可靠性强、价格实惠等优点广泛应用在粮食加工、化工原料、塑料冶金、能源矿业、建材水泥、码头等行业。啤酒厂麦芽车间、酿造车间输送大麦、麦芽等均使用旋转供料器。

旋转供料模块具有 6 个工件放置位，沿圆盘圆周方向阵列。旋转供料装置采用步进电机驱动，由 PLC 控制其运动，配置 1∶80 速比的谐波减速机，运动平稳，精度高。旋转供料模块配置零位校准传感器、工件状态检测传感器，如图 1-2-9 所示。

8）变位机模块

变位机是专用焊接辅助设备，适用于回转工作的焊接变位，以得到理想的加工位置和焊接速度。

变位机模块采用机器人外部轴控制，其电机驱动接收机器人控制器命令，通过示教器对其进行编程和操作。变位机采用绝对式编码器，模块侧面板有零位刻线，可通过示教器校准变位机零位，运动范围通过机械限位设置为±90°，如图 1-2-10 所示。

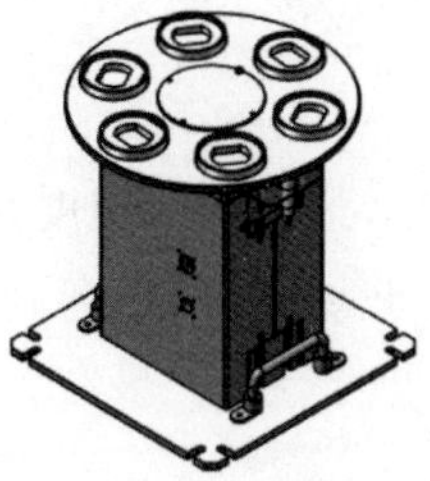

图 1-2-9 旋转供料模块示意图

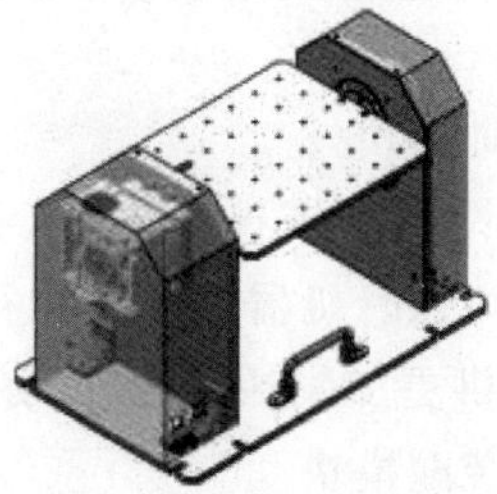

图 1-2-10 变位机模块示意图

9）装配模块

装配模块为机器人组装零部件提供准确的操作工位，主要由伸缩气缸和工件定位夹紧块组成。伸缩气缸的动作由 PLC 控制，如图 1-2-11 所示。

10）称重模块

称重模块的主要部件为称重传感器。称重传感器感应范围为 0～2000g，超负载可导致重力传感器不可恢复的损坏。称重模块如图 1-2-12 所示。

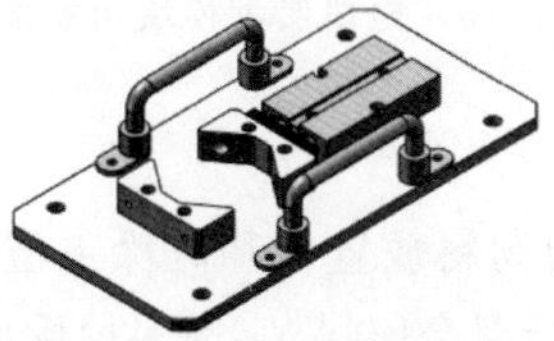

图 1-2-11 装配模块示意图

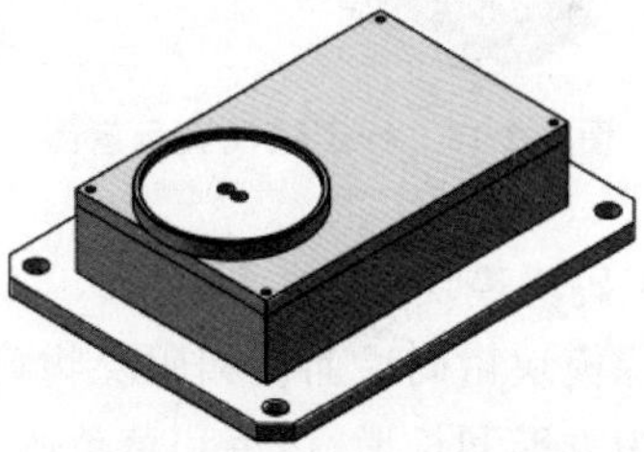

图 1-2-12 称重模块示意图

11）RFID 模块

射频识别(radio frequency identification，RFID)通过阅读器与标签之间进行非接触式的数据通信，达到识别目标的目的。RFID 的应用非常广泛，典型应用有动物晶片、汽车晶片防盗器、门禁管制、停车场管制、生产线自动化等。RFID 被认为是 21 世纪最具发展潜力的信息技术之一，如图 1-2-13 所示。

12）立体仓库模块

数字化立体仓库模块含 2×3 个存储位，工件最大存储尺寸为直径 65mm，高度 100mm；两层配置共 6 个工件检测传感器，检测距离最大为 15mm，传感器信号集成于远程 I/O 模块，与 PLC 控制器通过 Modbus_TCP 进行信号交互。用于放置机器人关节装配的工件和成品，如图 1-2-14 所示。

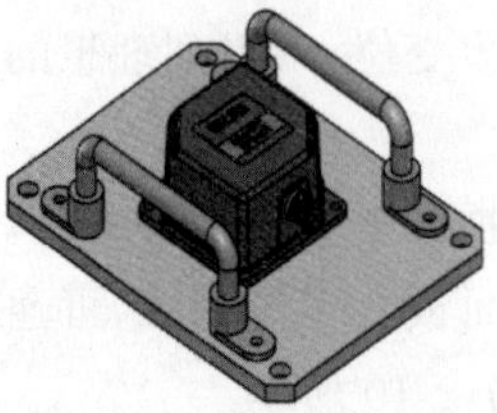

图 1-2-13 RFID 模块示意图

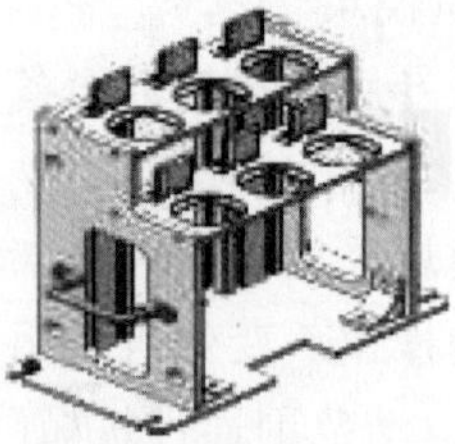

图 1-2-14 数字化立体仓库示意图

13）行走轴模块

智能制造设备平台上的机器人行走轴具有 600mm 行程，最大运行速度为 150mm/s，额定负载能力为 50kg，机器人安装在行走轴上可拓宽机器人的运动空间，在一些狭小位置可以为机器人提供更加灵活的操作，如图 1-2-15 所示。

14）电机装配模块

电机装配模块具有 6 组电机零件放置位，分别有三种颜色的三种类型工件，即黄、白、蓝色的电机外壳、电机转子、电机端盖，如图 1-2-16 所示。首先将此模块安装到模块公用底座，然后将物料放置到对应工件位，使用机器人编程将电机转子装配到电机外壳，并将电机端盖组装，形成完整的电机装配体。完成此过程需用到直手爪工具和吸盘工具。

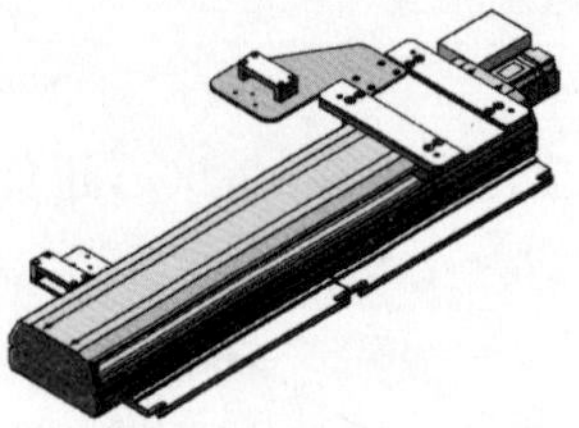

图 1-2-15 行走轴模块示意图

图 1-2-16 电机装配模块示意图

15）码垛模块

码垛模块由码垛面板和码垛物料块组成，码垛面板分为物料放置位和码垛工位，码垛物料块分为方形和长形，白色和黄色各 5 个，长形和方形可进行混合码垛，实现多种垛型的编程练习，如图 1-2-17 所示。

16）搬运模块

搬运模块为斜面搬运，由两个搬运物料放置架和表面印有数字 1～9 的三角形物料块组成，操作者可自定义搬运顺序，将数字 1～9 在两个放置架之间进行转移操作编程，如图 1-2-18 所示。

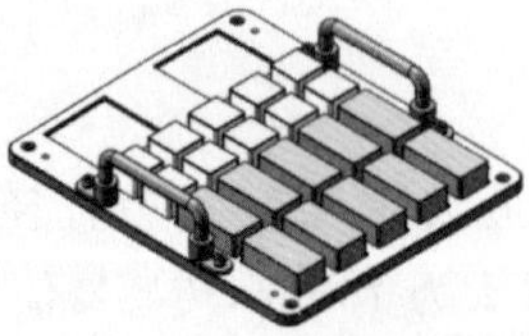

图 1-2-17 码垛模块示意图

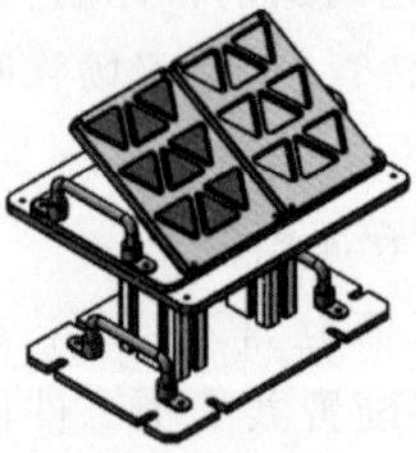

图 1-2-18 搬运模块示意图

17）绘图模块

绘图模块包括平面绘图（图 1-2-19(a)）和曲面绘图（图 1-2-19(b)）两个操作对象。平面绘图模块可调整角度，通过磁铁将绘图纸固定在平面板上，可快速更换绘图纸；曲面绘图模块由曲面板和曲面压条组成，曲面压条将绘图纸压在曲面板上，形成与曲面板相同的弧面。平面绘图和曲面绘图模块均需安装在模块公用安装支架上，由操作员自主选择拆装切换所需的模块。

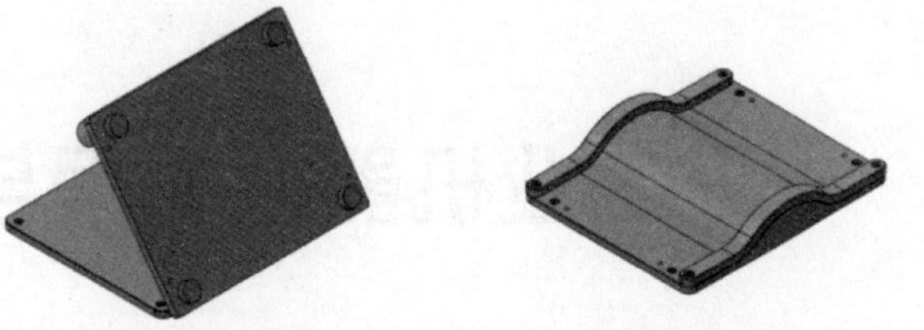

(a) 平面绘图模块　　(b) 曲面绘图模块

图 1-2-19　绘图模块

5. 平台功能

智能制造设备平台来源于工业应用现场，可以完成总控系统调试、控制系统调试、工业机器人夹具安装与调试、机器人编程与调试、视觉系统调试等任务，满足电气自动化专业、机电一体化专业、工业机器人专业、智能控制技术专业的日常教学实训。

项目2

工业机器人编程与调试

项目描述：工业机器人在汽车等行业应用非常广泛，通过对东风汽车有限公司进行调研，结合岗位需求，依托企业工业机器人完成的汽车玻璃涂胶、车身喷漆、汽车门搬运、备件码垛、零部件装配等任务，设置机器人轨迹运行、搬运、码垛等为本项目的学习任务，这些任务也是工业机器人的典型应用。完成这些任务，要结合生产现场实际，合理规划机器人路径，逐步优化程序，熟练调试程序，根据调试结果，修正完善程序，并进行反思总结。最终使学生具备工业机器人的编程调试能力和安全意识，养成良好的职业习惯。

思维导图

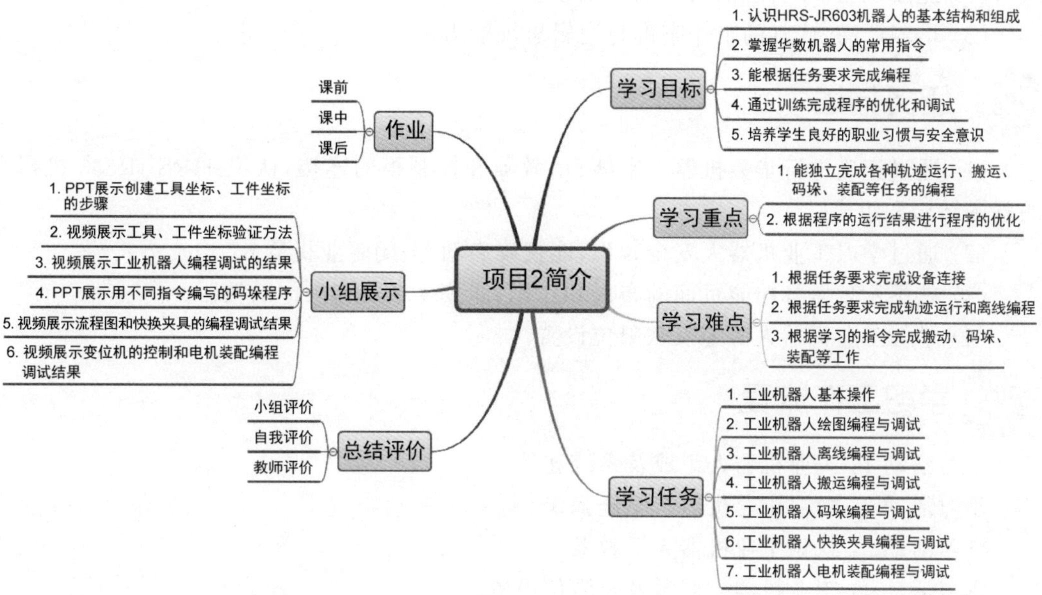

细语润心田

根据企业实际和项目学习的任务特点，在完成任务的过程中，严格遵守安全编程操作规范，具备安全意识。体验岗位职责，具备认真负责的工作态度和勇往直前的敬业精神，养成良好的职业习惯。

任务 2.1　工业机器人基本操作

任务 2.1 微课视频　　任务 2.1 二维动画　　任务 2.1 三维动画

学习目标

1. 知识目标

(1) 认识 HRS-JR603 机器人的基本结构和组成，了解其各部分的作用。
(2) 掌握工业机器人安全知识。
(3) 熟悉示教器各功能页面的布局和作用。

2. 能力目标

(1) 能够正确地进行硬件连接。
(2) 学会正确地进行开关机操作。
(3) 能够根据要求正确操作示教器。

3. 情感目标

(1) 能按现场 6S 管理的要求清理现场。

(2) 培养严谨、认真的工作态度与逻辑思维能力。

任务描述

(1) 通过正确进行华数机器人本体、示教器和控制柜的连接,认识 HRS-JR603 机器人的基本结构和组成。

(2) 通过学习工业机器人安全知识,能正确启动/关闭工业机器人。

(3) 熟悉示教器各功能页面的布局和作用,能按要求熟练操作示教器。

(4) 学会工业机器人回零及软限位设置。

学习工作流程

学习活动 1:工业机器人组成及系统连接。

学习活动 2:学习工业机器人安全知识。

学习活动 3:认识工业机器人示教器。

学习活动 4:工业机器人回零及软限位设置。

相关知识

1. 机器人组成及系统连接

华数机器人主要包括四大组成部分:机器人本体、机器人电气控制柜、机器人示教器、连接线缆,如图 2-1-1 所示。机器人控制器一般安装于机器人电气控制柜内部,控制机器人的伺服驱动器、输入输出等主要执行设备;机器人示教器一般通过电缆连接到机器人电气控制柜上,作为上位机通过以太网与控制器进行通信。

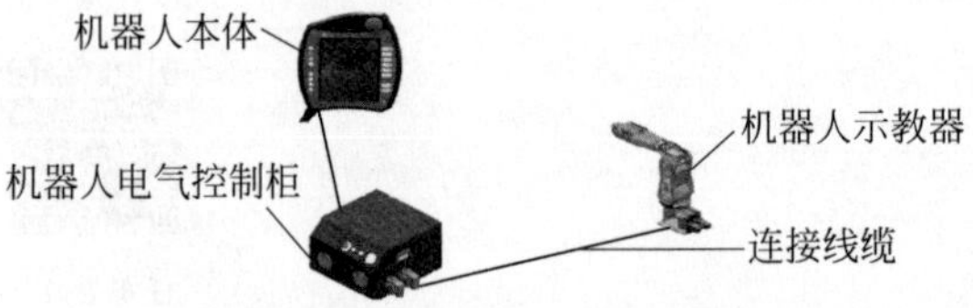

图 2-1-1 工业机器人的组成及连接

1) 机器人本体

机器人本体是指机器人机械系统组成,机械本体由底座部分、大臂/小臂部分、手腕部件和本体管线包部分组成,共有 6 个电机可以驱动 6 个关节的运动实现不同的运动形式,图 2-1-2 标示了机器人的各运动关节。

(1) 型号规格

华数机器人型号含义如图 2-1-3 所示。

(2) 性能参数定义

机器人性能参数主要包括工作空间、机器人负载、机器人运动速度、机器人最大动作范

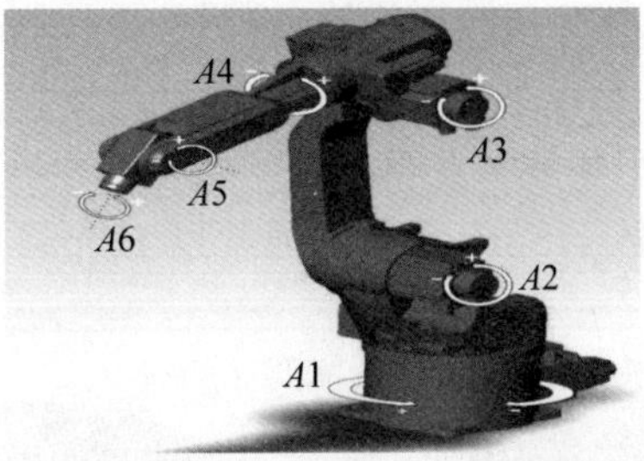

图 2-1-2　六轴机器人关节示意图

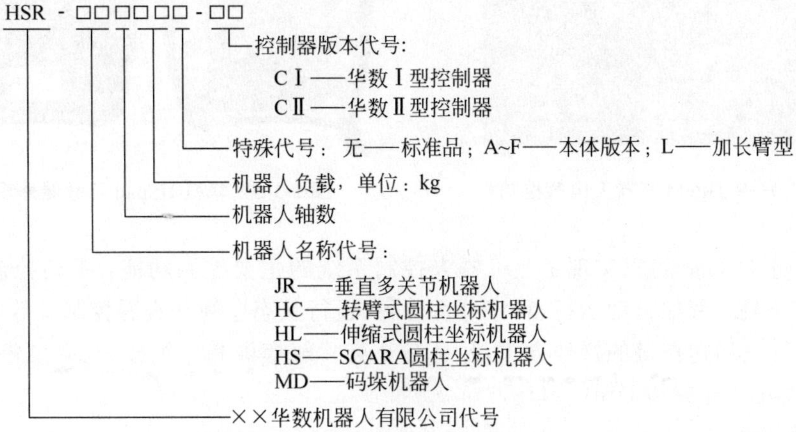

图 2-1-3　华数机器人型号的含义

围和重复定位精度。

① 机器人工作空间。参考《工业机器人　特性表示》(GB/T 12644—2001)，定义最大工作空间为机器人运动时手腕末端所能达到的所有点的集合。

② 机器人负载设定。参考《机器人与机器人装备　词汇》(GB/T 12643—2013)，定义末端最大负载为机器人在工作范围内的任何位姿上所能承受的最大质量。

③ 机器人运动速度。参考《工业机器人　性能测试方法》(GB/T 12645—1990)，定义关节最大运动速度为机器人单关节运动时的最大速度。

④ 机器人最大动作范围。参考《工业机器人　验收规则》(JB/T 8896—1999)，定义最大动作范围为机器人运动时各关节所能达到的最大角度。机器人的每个轴都有软、硬限位，机器人的运动无法超出软限位，如果超出，称为超行程，由硬限位完成对该轴的机械约束。

⑤ 重复定位精度。参考《工业机器人　性能测试方法》(GB/T 12645—1990)，定义重复定位精度是指机器人对同一指令位姿，从同一方向重复响应 N 次后，实到位置和姿态散布的不一致程度。

2）机器人电气控制柜

HSR-JR603 机器人电气控制柜如图 2-1-4 所示。

急停按钮：紧急情况下按此按钮，抱闸抱住电机，同时伺服信号断开。

电源指示灯：一次回路和二次回路供电指示。

报警指示灯：控制系统报警指示。

电源开关：控制交流接触器 DC 24V 线圈，控制整个控制柜的强电供应。

3）机器人示教器

华数 HSpad 示教器是用于华数工业机器人的手持编程器，具有使用华数工业机器人所需的各种操作和显示功能，华数 HSpad 示教器通常以 HSpad 简称，如图 2-1-5 所示。

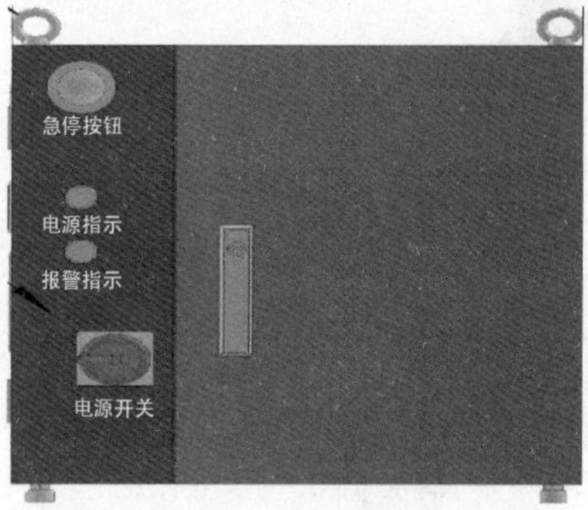

图 2-1-4 HSR-JR603 机器人电气控制柜

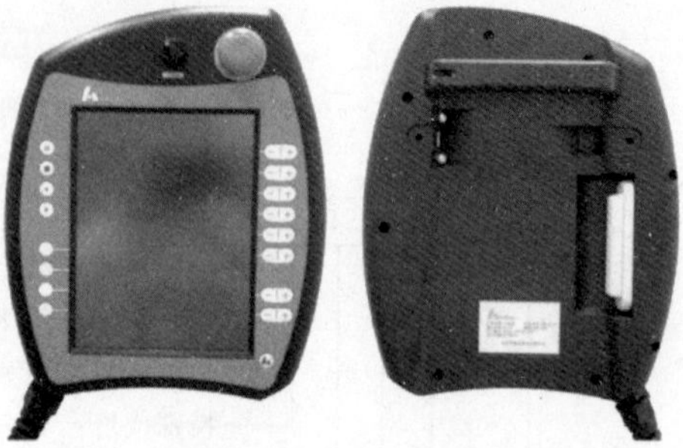

图 2-1-5 华数 HSpad 示教器外观图

用户通过 HSpad 可以实现工业机器人控制系统的主要控制功能：手动控制机器人运动、程序示教编程、程序自动运行、程序外部运行、运行状态监视和查看控制参数等。该示教器采用触摸屏＋周边按键的操作方式，并且有 8 英寸触摸屏和多组按键，有急停开关、钥匙开关、三段式安全开关和 USB 接口。

4）连接线缆

在电缆连接时要注意：电缆连接作业务必切断控制装置的电源。勿将机器人连接电缆的多余部分（10m 以上）卷绕成线圈状使用，因为在这样的状态下使用时，机器人执行某些动作时有可能会导致电缆温度大幅度上升，从而对电缆的包覆造成不良影响。

2. 工业机器人安全知识

在正式学习华数工业机器人的操作之前，先来了解一下安全操作的注意事项，只有消除安全隐患，才能保障生产工作顺利开展。在操作中一定要遵守操作规范。

（1）⚠记得关闭总电源

在进行机器人的安装、维修、保养时，切记要将总电源关闭。带电作业可能会产生致命的后果。如果不慎遭高压电击，可能会导致心跳停止、烧伤或其他严重伤害。在得到停电通知时，要预先关断机器人的主电源及气源。突然停电后，要在来电之前预先关闭机器人的主电源开关，并及时取下夹具上的工件。

（2）⚠与机器人保持足够安全距离

在调试与运行机器人时，它可能会执行一些意外的或不规范的运动，并且所有的运动都会产生很大的力量，从而严重伤害个人或损坏机器人工作范围内的任何设备，所以时刻警惕与机器人保持足够的安全距离。

（3）⚠静电放电危险

静电放电（ESD）是电势不同的两个物体间的静电传导，它可以通过直接接触传导，也可以通过感应电场传导。搬运部件或部件容器时，未接地的人员可能会传递大量的静电荷。

这一放电过程可能会损坏敏感的电子设备。所以在有此标识的情况下，要做好静电放电防护。例如，在对电气控制柜内的电气元件进行操作时，要佩戴上柜内配置的静电手环。

(4) ⚠紧急停止

紧急停止优先于任何其他机器人控制操作，它会断开机器人电机的驱动电源，停止所有运转部件，并切断由机器人系统控制且存在潜在危险的功能部件的电源。出现下列情况时，请立即按下任意紧急停止按钮。

① 机器人运行时，工作区域内有工作人员。

② 机器人伤害了工作人员或损伤了机器设备。

(5) ⚠灭火

发生火灾时，在确保全体人员安全撤离后再进行灭火，应先处理受伤人员。当电气设备(例如机器人或控制器)起火时，使用二氧化碳灭火器，切勿使用水或泡沫。

(6) ⚠工作中的安全

① 如果在保护空间内有工作人员，请手动操作机器人系统。

② 当进入保护空间时，请准备好示教器，以便随时控制机器人。

③ 注意旋转或运动的工具，例如切削工具和锯。确保在接近机器人之前，这些工具已经停止运动。

④ 注意工件和机器人系统的高温表面。机器人电机长时间运转后温度会很高。

⑤ 注意夹具并确保夹好工件。如果夹具打开，工件会脱落并导致人员伤害或设备损坏。夹具非常有力，如果不按照正确方法操作，也会导致人员伤害。机器人停机时，夹具上不应置物，必须空机。

⑥ 注意液压、气压系统以及带电部件。即使断电，这些电路上的残余电量也很危险。

(7) ⚠示教器的安全

① 小心操作。不要摔打、抛掷或重击，这样会导致示教器破损或故障。在不使用该设备时，将它挂到专门存放它的支架上，以防意外掉到地上。

② 示教器在使用和存放时，应归整好电缆避免被人踩踏。

③ 切勿使用锋利的物体(例如螺钉、刀具或笔尖)操作触摸屏。这样可能会使触摸屏受损。应用手指或触摸笔去操作示教器触摸屏。

④ 定期清洁触摸屏。灰尘和小颗粒可能会挡住屏幕造成故障。

⑤ 切勿使用溶剂、洗涤剂或擦洗海绵清洁示教器，使用软布蘸少量水或中性清洁剂清洁。

⑥ 没有连接 USB 设备时，务必盖上 USB 端口的保护盖。如果端口暴露在灰尘中，可能会导致通信中断或发生故障。

(8) ⚠手动模式下的安全

在手动减速模式下，机器人只能减速操作。只要在安全保护空间之内工作，就应始终以手动速度进行操作。

在手动全速模式下，机器人以程序预设速度移动。手动全速模式应仅用于所有人员都处于安全保护空间之外时，而且操作人必须经过特殊训练，熟知潜在的危险。

(9) ⚠自动模式下的安全

控制柜有四个独立的安全保护机制，分别为常规模式安全保护停止 GS(在任何操作模式下都有效)、自动模式安全保护停止 AS(在自动操作模式下有效)、上级安全保护停止 SS(在任何模式下都有效)和紧急停止 ES(在急停按钮被按下有效)。

自动模式用于在生产中运行机器人程序。在自动模式操作情况下，常规模式停止(GS)机制、自动模式停止(AS)机制和上级停止(SS)机制都将处于活动状态。

3. HSpad 示教器基本操作

1) HSpad 示教器按键介绍

示教器外形如图 2-1-6 所示。

(1) 正面按键如图 2-1-6(a)所示，具体功能作用见表 2-1-1。

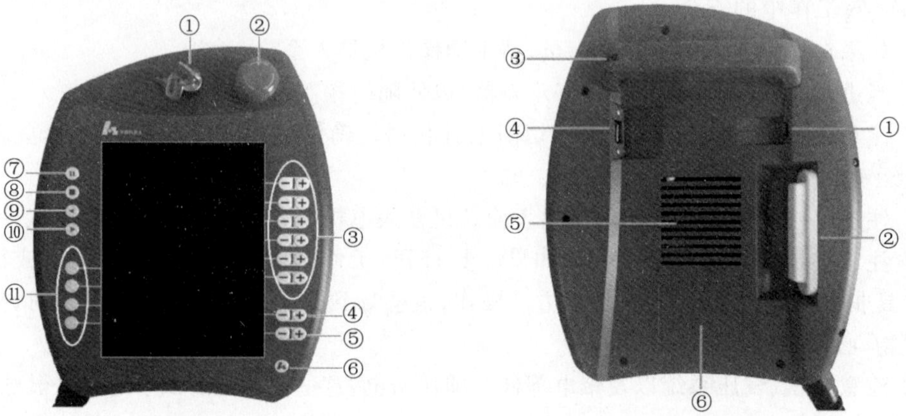

(a) 示教器正面　　(b) 示教器背面

图 2-1-6　示教器外形

表 2-1-1　示教器正面按键功能表

序号	功　能
①	用于调出连接控制器的钥匙开关。只有插入钥匙后，状态才可以被转换。可以通过连接控制器切换运行模式
②	紧急停止按键。用于在危险情况下使机器人停机
③	点动运行键。用于手动移动机器人
④	用于设定程序调节量的按键。自动运行倍率调节
⑤	用于设定手动调节量的按键。手动运行倍率调节
⑥	菜单按键。可进行菜单和文件导航器之间的切换
⑦	暂停按键。运行程序时，暂停运行
⑧	停止键。用停止键可停止正运行中的程序
⑨	预留
⑩	开始运行键。在加载程序成功时，单击该按键后开始运行
⑪	辅助按键

(2) 背面按键如图 2-1-6(b)所示，具体功能作用见表 2-1-2。

表 2-1-2 示教器背面按键功能表

序号	功 能
①	调试接口
②	三段式安全开关。安全开关有 3 个位置：未按下、中间位置、完全按下。 在运行方式手动 T1 或手动 T2 中，确认开关必须保持在中间位置，方可使机器人运动。 在采用自动运行模式时，安全开关不起作用
③	HSpad 触摸屏手写笔插槽
④	USB 接口，用于存档/还原等操作
⑤	散热口
⑥	HSpad 标签型号粘贴处

2) HSpad 操作界面

HSpad 操作界面如图 2-1-7 所示，具体功能作用见表 2-1-3。

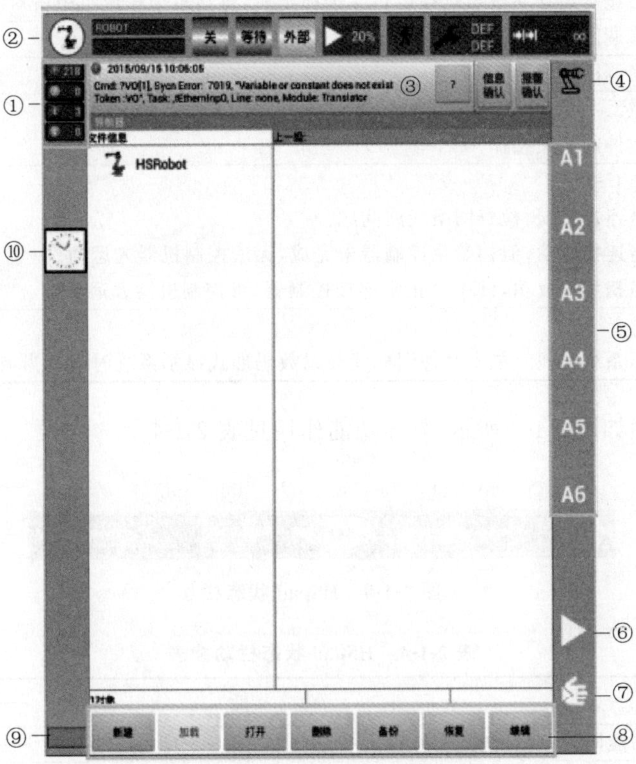

图 2-1-7 HSpad 操作界面

表 2-1-3 HSpad 操作界面功能表

标签项	功 能
①	信息提示计数器。 信息提示计数器提示每种信息类型各有多少条等待处理。 触摸信息提示计数器可放大显示

续表

标签项	功　能
②	状态栏
③	信息窗口。 根据默认设置将只显示最后一条信息提示。 触摸信息窗口可显示信息列表。列表中会显示所有待处理的信息。 可以被确认的信息可用确认键确认。 “信息确认”键确认所有除错误信息以外的信息。 “报警确认”键确认所有错误信息。 “?”键可显示当前信息的详细信息
④	坐标系状态。 触摸该图标就可以显示所有坐标系,并进行切换选择
⑤	点动运行指示。 如果选择了与轴相关的运行,这里将显示轴号($A1$、$A2$、$A3$、$A4$、$A5$、$A6$ 等)。 如果选择了笛卡儿式运行,这里将显示坐标系的方向(X、Y、Z、A、B、C)。 触摸图标会显示运动系统组选择窗口。选择组后,将显示为相应组中所对应的名称
⑥	自动倍率修调图标
⑦	手动倍率修调图标
⑧	操作菜单栏。 用于程序文件的相关操作
⑨	网络状态。 红色为网络连接错误,检查网络线路问题。 黄色为网络连接成功,但初始化控制器未完成,无法控制机器人运动。 绿色为网络初始化成功,HSpad 正常连接控制器,可控制机器人运动
⑩	时钟。 时钟可显示系统时间。单击时钟图标就会以数码形式显示系统时间和当前系统的运行时间

HSpad 状态栏如图 2-1-8 所示,具体功能作用见表 2-1-4。

图 2-1-8　HSpad 状态栏

表 2-1-4　HSpad 状态栏功能表

序号	功　能
①	菜单键。功能同菜单按键功能
②	机器人名。显示当前机器人的名称
③	加载程序名称。在加载程序之后,会显示当前加载的程序名
④	使能状态。 绿色并且显示“开”,表示当前使能打开。 红色并且显示“关”,表示当前使能关闭。 单击可打开使能设置窗口,在自动模式下单击“开/关”按钮可设置使能开关状态
⑤	程序运行状态。自动运行时,显示当前程序的运行状态

续表

序号	功　能
⑥	运行模式状态显示。 运行模式有手动模式、自动模式和外部模式三种，通过钥匙开关设置
⑦	倍率修调显示。 切换模式时会显示当前模式的倍率修调值。 触摸会打开设置窗口，可通过“加/减”按钮以1%的单位进行加减设置，也可通过滑块左右拖动设置
⑧	程序运行方式状态。 在自动运行模式下，只能是连续运行，在手动T1和手动T2模式下可设置为单步或连续运行。 触摸会打开设置窗口，在手动T1和手动T2模式下可单击“连续/单步”按钮进行运行方式切换
⑨	激活基坐标/工具显示。 触摸会打开窗口，单击工具和基坐标选择相应的工具和基坐标进行设置
⑩	增量模式显示。 在手动T1或者手动T2模式下触摸可打开窗口，单击相应的选项设置增量模式

3）调用主菜单

单击屏幕左上角主菜单图标或按键，窗口主菜单打开，如图2-1-9所示。

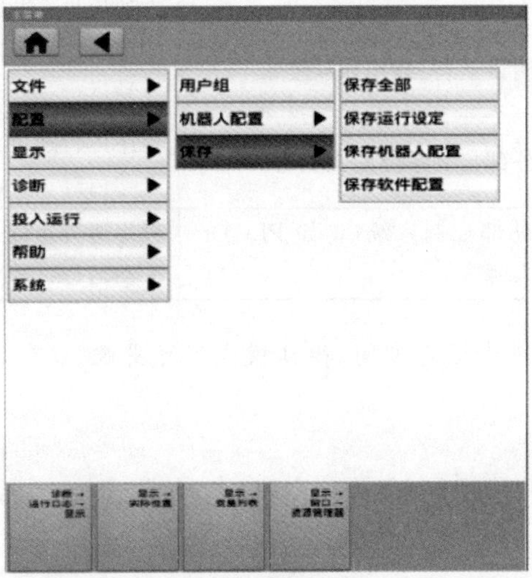

图 2-1-9　HSpad 主菜单

4）重启示教器

打开主菜单。

选择主菜单中的“系统”→“重启系统”，此时会弹出提示对话框。

选择对话框中的“是”按钮，示教器会在30s后进行重启，同时也会重启控制器。

注意：正在编辑的程序请先保存再重启，否则新编辑的数据将会丢失，无法恢复。

5）切换操作模式

机器人控制器未加载任何程序，旋转钥匙开关，切换操作模式如图2-1-10所示，所选的操作模式会显示在HSpad主界面的状态栏中，具体功能作用如表2-1-5所示。

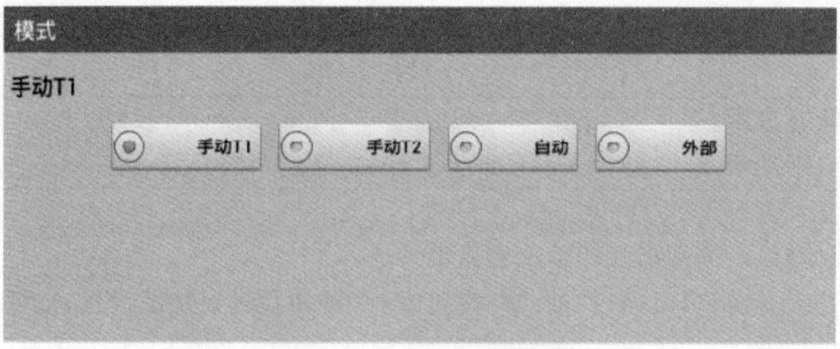

图 2-1-10　切换操作模式

操作步骤如下。

(1) 在 HSpad 上转动钥匙开关，HSpad 界面会显示选择操作模式的界面。

(2) 选择需要切换的操作模式。

(3) 将钥匙开关再次转回初始位置。

表 2-1-5　操作模式功能表

操作模式	应　用	速　度
手动 T1	用于低速测试运行、编程和示教	编程示教：编程速度最高 125mm/s 手动运行：手动运行速度最高 125mm/s
手动 T2	用于高速测试运行、编程和示教	编程示教：编程速度最高 250mm/s 手动运行：手动运行速度最高 250mm/s
自动模式	用于不带外部控制系统的工业机器人	程序运行速度：程序设置的编程速度 手动运行：禁止手动运行
外部模式	用于带有外部控制系统(例如 PLC)的工业机器人	程序运行速度：程序设置的编程速度 手动运行：禁止手动运行

注意：在程序已加载或者运行期间，操作模式不可更改。

任务 2.2　工业机器人绘图编程与调试

任务 2.2 微课视频　　任务 2.2 二维动画

学习目标

1. 知识目标

(1) 掌握工业机器人的关节坐标系、世界坐标系、工件坐标系、工具坐标系。

(2) 掌握工具坐标、工件坐标的创建和应用方法。

(3) 掌握华数机器人编程指令的正确输入方法。

(4) 应用华数机器人常用指令实现简单运动轨迹动作。

2. 能力目标

(1) 能够完成华数机器人工件坐标系的标定。
(2) 能够完成华数机器人工具坐标系的标定。
(3) 能够在不同的绘图板上完成简单图形的绘制。

3. 情感目标

(1) 能按现场6S管理的要求清理现场。
(2) 培养严谨、认真的工作态度与逻辑思维能力。

任务描述

根据所创建的工具坐标、工件坐标,能够在不同的绘图板上完成简单图形的绘制。

学习工作流程

学习活动1:机器人坐标系的认知。
学习活动2:工业机器人坐标系的标定。
学习活动3:工业机器人轨迹运行示教编程与调试。

相关知识

1. 工业机器人坐标系的认知

在机器人控制系统中定义了下列坐标系:轴坐标系、世界坐标系、基坐标系、工具坐标系和工件坐标系。机器人默认坐标系是一个笛卡儿坐标系,固定位于机器人底部,它可以根据世界坐标系说明机器人的位置,具体机器人坐标系说明如下。

1) 轴坐标系

轴坐标系为机器人单个轴的运行坐标系,可针对单个轴进行操作。

2) 世界坐标系

世界坐标系是一个固定的笛卡儿坐标系,是机器人默认坐标系和基坐标系的原点坐标系。在默认配置中,世界坐标系与机器人默认坐标系是一致的。

3) 基坐标系

基坐标系是一个笛卡儿坐标系,用来说明工件的位置。默认配置中,基坐标系与机器人默认坐标系是一致的。修改基坐标系后,机器人即按照设置的坐标系运动。

4) 工具坐标系

工具坐标系是一个笛卡儿坐标系,位于工具的工作点中。在默认配置中,工具坐标系的原点在法兰中心点上。工具坐标系将工具中心点设为零位,由此定义工具的位置和方向,工具坐标系中心缩写为TCP (tool center point)。执行程序时,机器人就将TCP移至编程位置,如图2-2-1所示。

机器人在手腕处都有一个预定义工具坐标系，该坐标系被称为 Tool0，如图 2-2-2 所示。

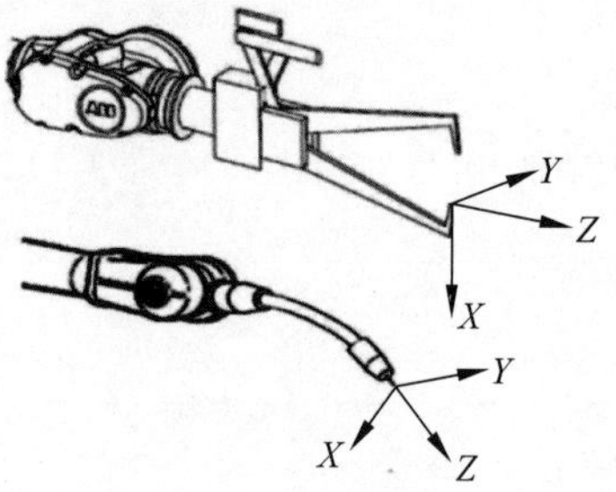

图 2-2-1 工具坐标系

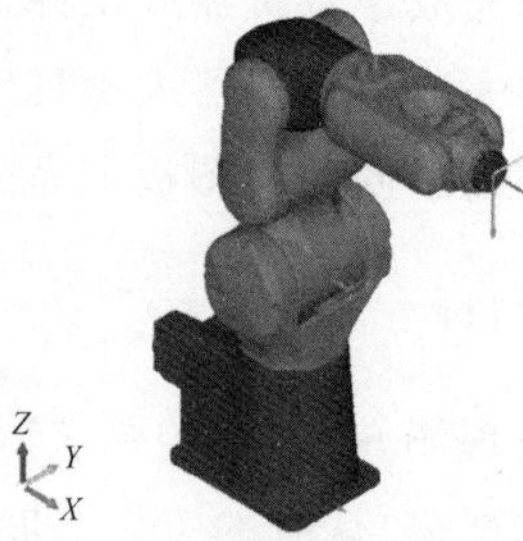

图 2-2-2 TCP 原点及坐标系

一般不同的机器人应该配置不同的工具，例如，喷漆的机器人使用喷枪作为工具，而用于小零件分拣的机器人使用夹具作为工具，如图 2-2-3 所示。

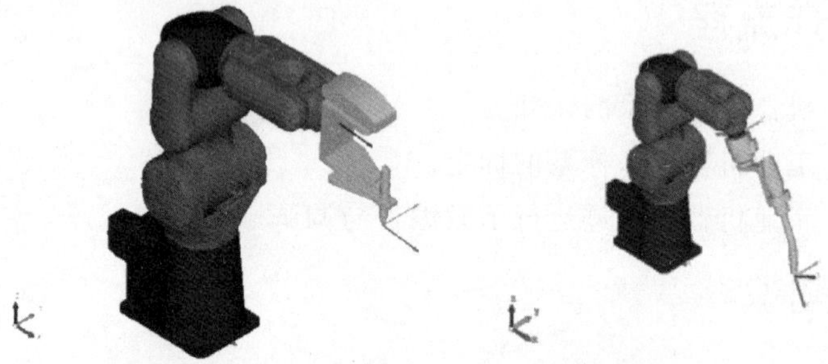

图 2-2-3 不同配置的工具有不同的 TCP

5）工件坐标系

工件坐标系是有特定附加属性的坐标系，主要用于简化编程。工件坐标系拥有两个框架：用户框架（与大地基座相关）和工件框架（与用户框架相关）。

工件坐标对应工件，它定义工件相对于大地坐标（或其他坐标）的位置。机器人可以有若干工件坐标系，或者表示不同工件，或者表示同一工件在不同位置的若干副本。

对机器人进行编程时就是在工件坐标中创建目标和路径，这带来很多优点：重新定位工作站中的工件时，只需更改工件坐标的位置，所有路径将即刻随之更新；允许操作外部轴或传送导轨移动的工件，因为整个工件可连同其路径一起移动。

如图 2-2-4 所示，A 是机器人的大地坐标，为了方便编程，定义第一个工件坐标 B，并在这个工件坐标 B 中进行轨迹编程。如果台子上还有一个一样的工件需要走一样的轨迹，那只需建立一个工件坐标 C，将工件坐标 B 中的轨迹复制一份，然后工件坐标从 B 更新为 C，无须对一样的工件进行重复轨迹编程。

如图 2-2-5 所示，如果在工件坐标 B 中对 A 对象进行了轨迹编程，当工件坐标系位置变成工件坐标 D 后，只需在机器人系统重新定义工件坐标 D，则机器人的轨迹就自动更新到 C，不需要再次轨迹编程。因 A 相对于 B，C 相对于 D 的关系是一样的，并没有因为整体偏移而发生变化。

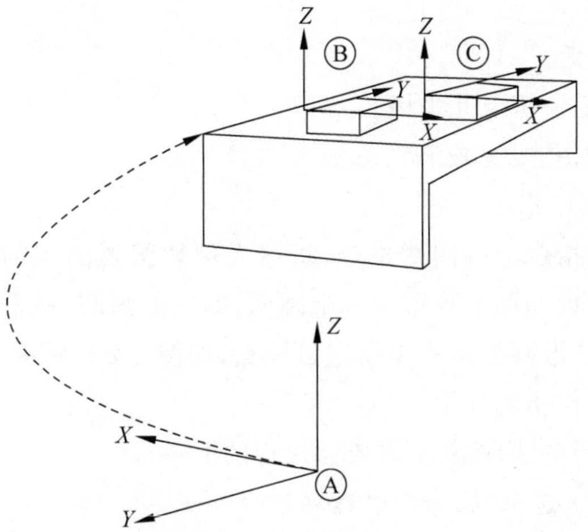

图 2-2-4　工件坐标 1

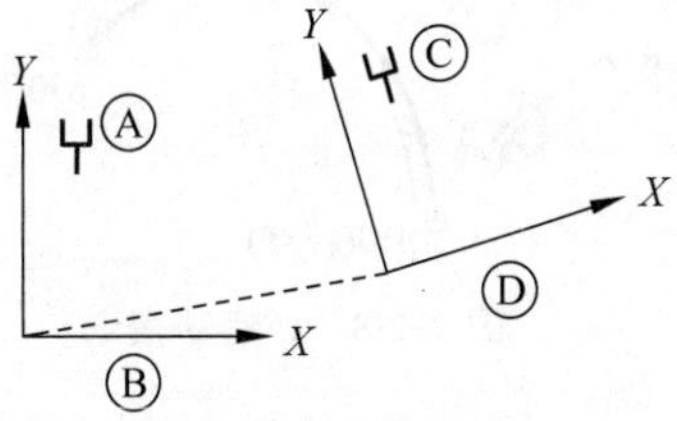

图 2-2-5　工件坐标 2

2. 工业机器人基本运动指令

运动指令包含了关节运动 J 和直线运动 L 以及圆弧指令 C。

1）J 指令

用于选择一个点位之后，当前点机器人位置与选择点之间的任意运动，运动过程中不进行轨迹控制和姿态控制，即关节运动指令将机器人 TCP 快速移动至给定目标点，如图 2-2-6 所示。

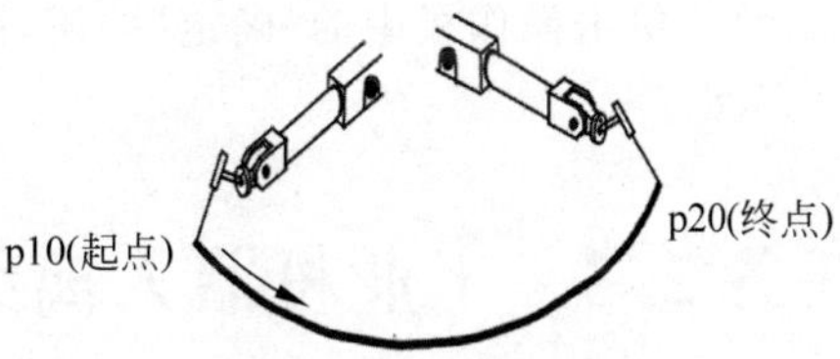

图 2-2-6　J 运动指令

操作步骤如下。

（1）光标移动至需要插入行的上一行。

（2）选择“指令”→“运动指令”→J。

（3）选择机器人轴或者附加轴。

（4）输入点位名称，即新增点的名称。

（5）配置指令的参数。

（6）手动移动机器人到需要的姿态或位置。

（7）选中输入框后，单击记录关节或者记录笛卡儿坐标。

（8）单击操作栏中的“确定”按钮，添加 MOVE 指令完成。

2）L 指令

用于选择一个点位之后，当前点机器人位置与记录点之间的直线运动，即将机器人的 TCP 沿直线运动至给定目标点，如图 2-2-7 所示。

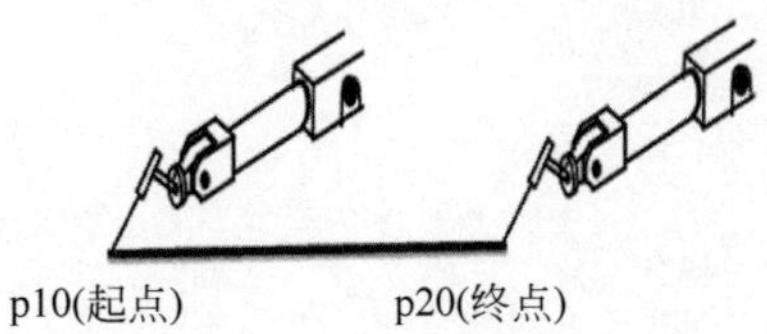

图 2-2-7　L 运动指令

操作步骤如下。

（1）光标移动至需要插入行的上一行。

（2）选择“指令”→“运动指令”→L。

（3）选择机器人轴或者附加轴。

（4）输入点位名称，即新增点的名称。

(5) 配置指令的参数。

(6) 手动移动机器人到需要的姿态或位置。

(7) 选中输入框后,单击记录关节或者记录笛卡儿坐标。

(8) 单击操作栏中的“确定”按钮,添加 L 指令完成。

3) C 指令

该指令为画圆弧指令,机器人示教圆弧的当前位置与选择的两个点形成一个圆弧,即三点画圆,机器人的 TCP 沿圆弧运动至给定目标点,如图 2-2-8 所示。

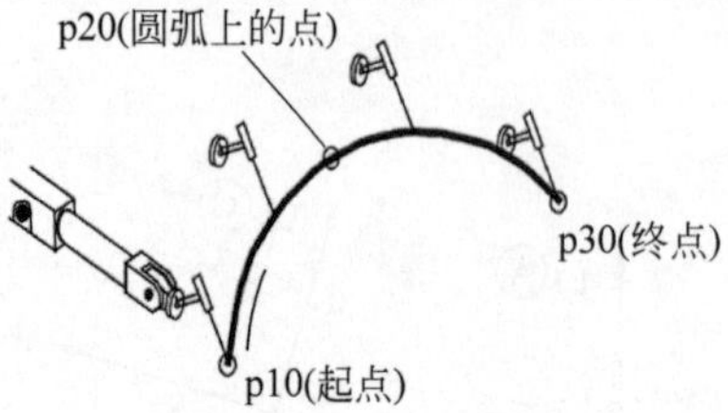

图 2-2-8 C 运动指令

操作步骤如下。

(1) 光标移动至需要插入行的上一行。

(2) 选择“指令”→“运动指令”→C。

(3) 单击第一个位置点输入框,移动机器人到需要的姿态点或轴位置,单击记录关节或者记录笛卡儿坐标,记录圆弧第一个点完成。

(4) 单击第二个位置点输入框,手动移动机器人到需要的目标姿态或位置,单击记录关节或者记录笛卡儿坐标,记录圆弧目标点完成。

(5) 配置指令的参数。

(6) 单击操作栏中的“确定”按钮,添加 C 指令完成。

任务 2.3 工业机器人离线编程与调试

任务 2.3 微课视频

任务 2.3 二维动画

学习目标

1. 知识目标

(1) 能熟练操作离线编程软件。

(2) 能用离线编程软件创建运动轨迹并调试程序。

2. 能力目标

通过华数机器人离线编程软件,合理规划任务路径,调试程序,完成任务。

3. 情感目标

(1) 能按现场 6S 管理的要求清理现场。

(2) 培养严谨、认真的工作态度与逻辑思维能力。

任务描述

在运行轨迹比较复杂时，通过华数机器人离线编程软件，合理规划任务路径，调试程序，完成任务。

学习工作流程

学习活动1：华数机器人离线编程的步骤。

学习活动2：工业机器人写字的编程与调试。

相关知识

1. 机器人模型的建立

在计算机USB接口插上加密狗，打开InteRobot2020软件，先设置机器人属性，其步骤如表2-3-1所示。

表2-3-1　添加机器人模型操作步骤

操作步骤	图　　示
（1）新建工程	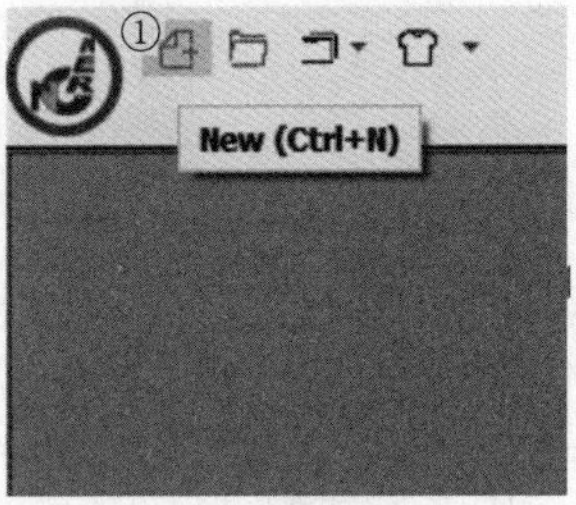
（2）选择“机器人组”选项 （3）单击“机器人库”按钮	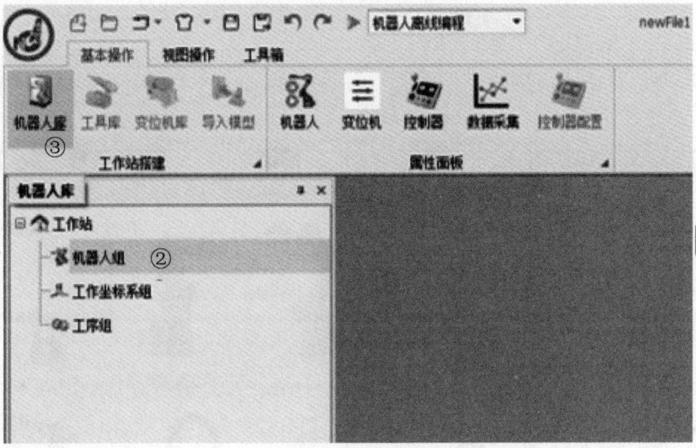

续表

操作步骤	图　示
（4）在机器人库中选择 HSR-JR603，并右击查看该机器人的“属性”	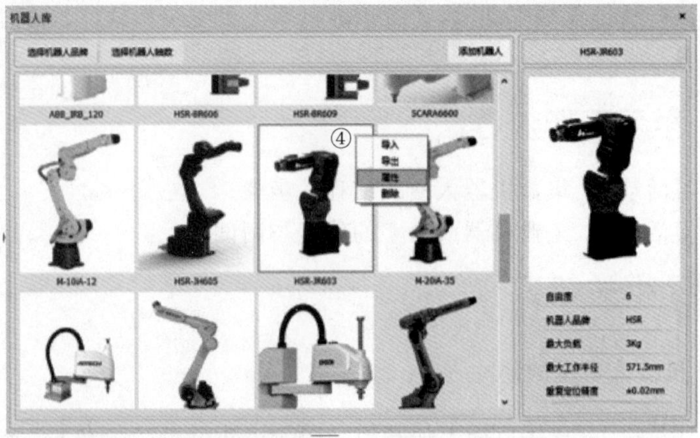
（5）在“机器人参数”对话框中选择 HSR-JR603“控制器类型”为 HSR3	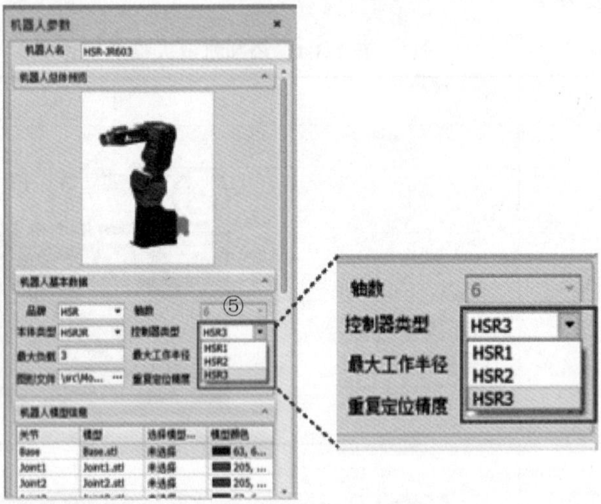
（6）双击添加 HSR-JR603 机器人	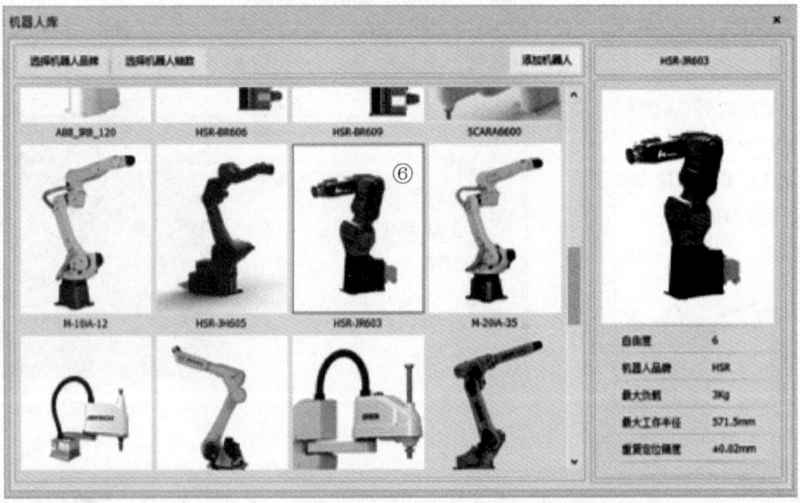

2．添加机器人末端执行器

添加机器人末端执行器，即描绘笔模型，添加过程如表 2-3-2 所示。

表 2-3-2　添加机器人末端执行器操作步骤

操 作 步 骤	图　　示
（1）单击“机器人”按钮。 （2）确保机器人姿态如右图所示，特别注意法兰方向朝下。 （3）调整五轴角度	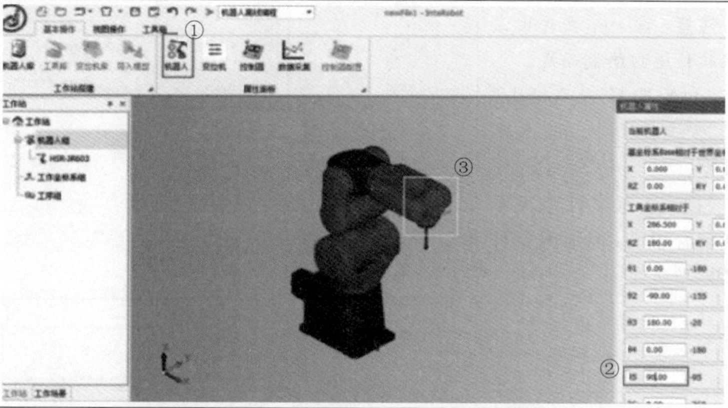
（4）单击 HSR-JR603。 （5）单击“工具库”按钮。 （6）单击“添加工具”按钮。 （7）在下拉菜单中选择“自定义工具”	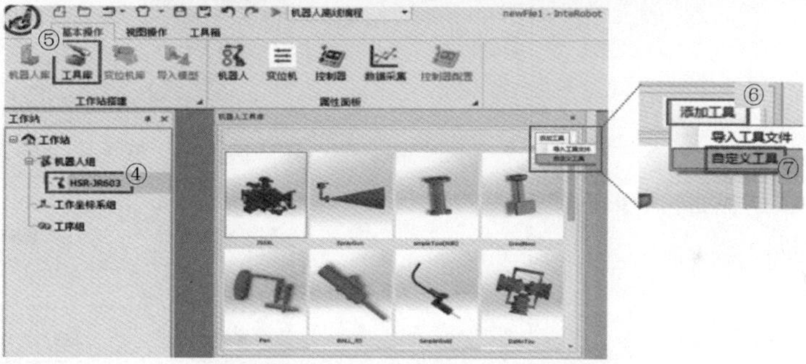
（8）用户自定义工具名，此处定义为 miaohuibi。 （9）单击“模型选择”按钮	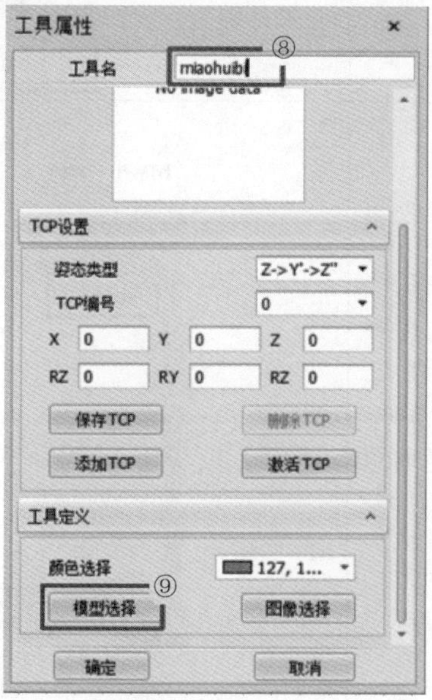

续表

<table>
<tr><th>操作步骤</th><th>图　示</th></tr>
<tr><td>（10）文件格式选择.step。
注意：该 step 文件由三维软件逆向绘制而成。
（11）选择 maiohuibi.STEP 文件，导入 miaohuibi 模型。
（12）注意文件路径不能包含中文，否则需要移动模型文件</td><td>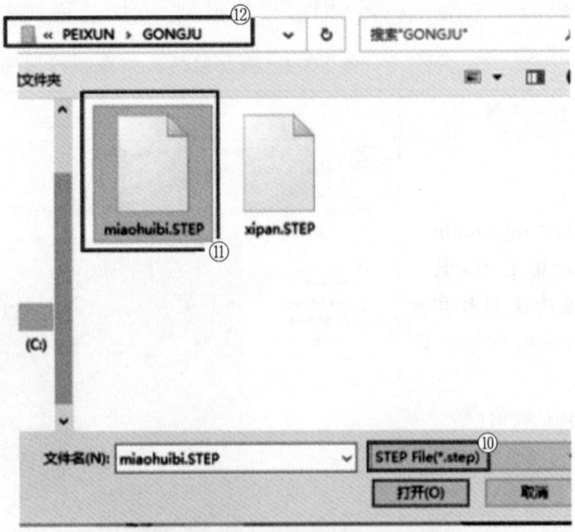
</td></tr>
<tr><td>（13）单击“图像选择”按钮</td><td>
</td></tr>
<tr><td>（14）文件格式选择.png，或者其他图片格式。
（15）选择 bi.png 文件，导入 miaohuibi 模型的预览图片</td><td>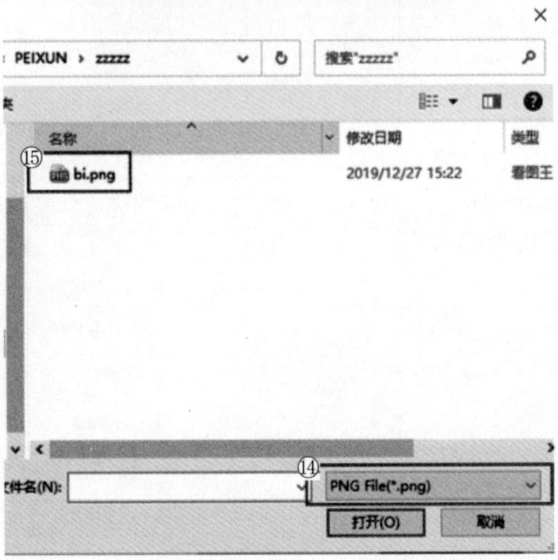
</td></tr>
</table>

续表

<table>
<tr><th>操作步骤</th><th>图　　示</th></tr>
<tr><td>(16) 修改 miaohuibi 模型的 TCP 中心点，其中 X、Y、Z 值为工具标定结果中 P_Tool 的值。RY 设置为 180，表示坐标系绕 Y 轴旋转 180°，使得操作(18)、(19)坐标系各坐标轴方向一致。
(17) 单击“确定”按钮</td><td>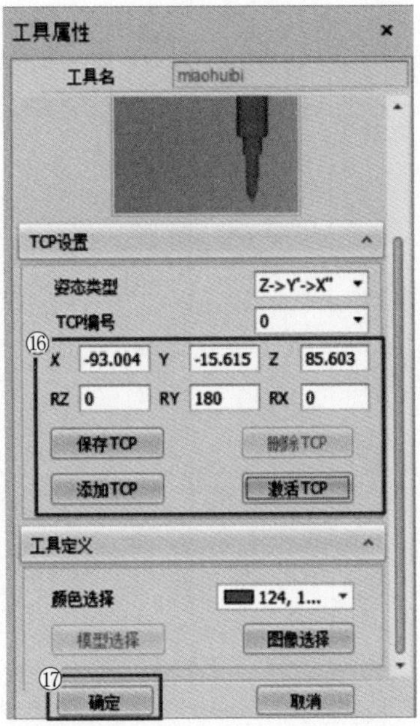
</td></tr>
<tr><td>(18)、(19) 工具添加完成后，检查工具坐标系与世界坐标系各坐标轴方向是否一致</td><td>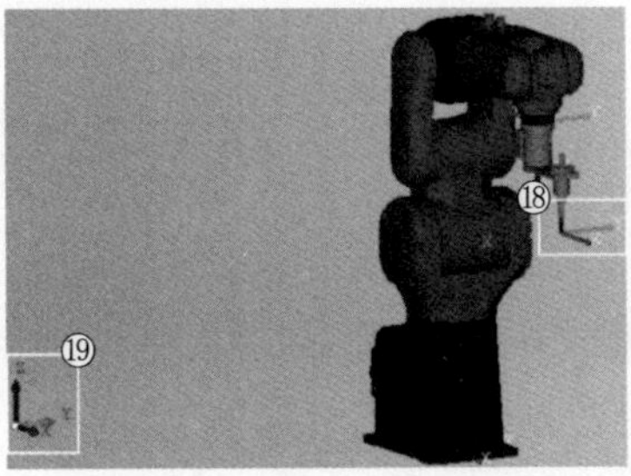
</td></tr>
</table>

3. 添加写字板模型

添加写字板模型，添加过程如表 2-3-3 所示。

表 2-3-3　添加写字板模型操作步骤

操作步骤	图　示
（1）单击“工作场景”按钮。 （2）单击“工件组”按钮。 （3）单击“导入模型”按钮。 （4）自定义模型名称为 kao。 （5）单击“选择模型”按钮	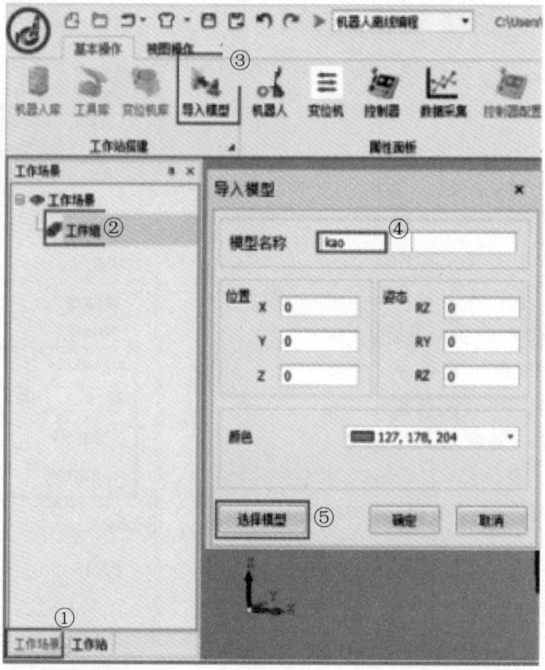
（6）注意文件路径不能包含中文，否则需要移动模型文件。 （7）模型文件类型为 stl、stp、step 和 igs，由三维软件逆向绘制而成。 （8）选择文件模型	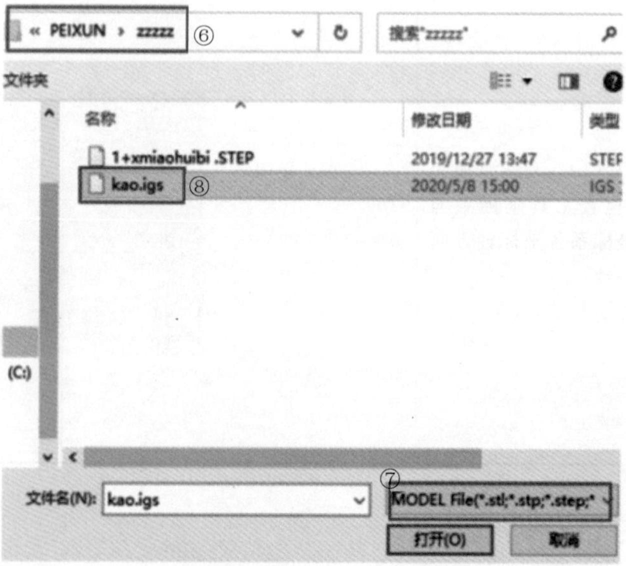

续表

操作步骤	图　　示
（9）修改模型文件的位置坐标，使其在显眼的位置。 （10）单击“确定”按钮	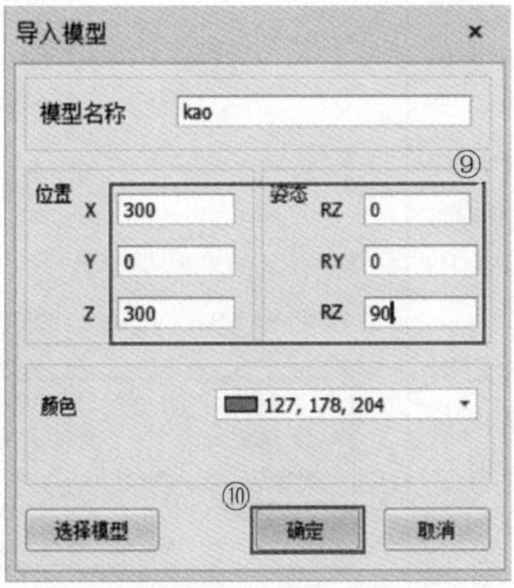
（11）单击模型名称 kao。 （12）单击“工件标定”按钮	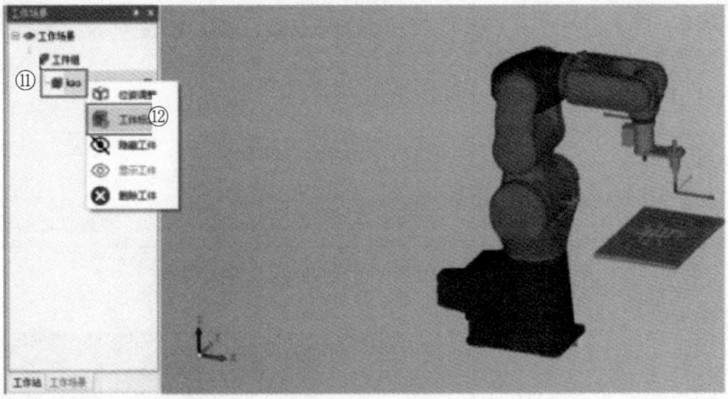
（13）选择当前机器人 HSR-JR603。 （14）单击“读取标定文件”按钮。 （15）找到前文中工件标定步骤中创建的标定文件 bd. txt。 （16）打开标定文件	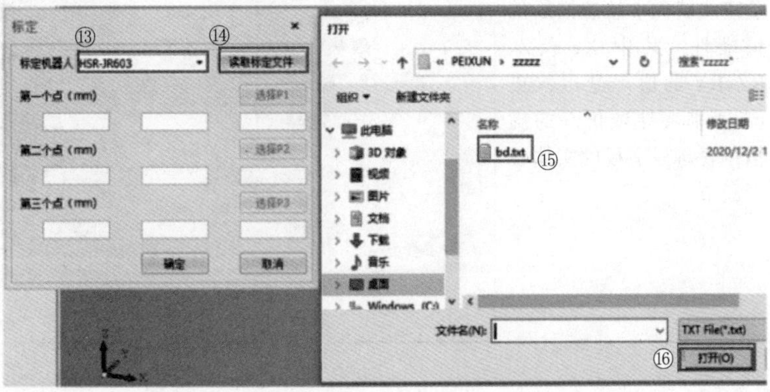

续表

操作步骤	图　　示
(17) 检查第一、二、三个点的值与 bd. txt 文档的值是否吻合。 (18) 单击"选择 P1"按钮,再单击蓝色 P1 位置。按此方式依次完成 P2、P3 的设置。 此处 P1 为工件标定时三点标定法中的原点位置;P2 为工件标定时三点标定法中的 X 方向标定点位置;P3 为工件标定时三点标定法中的 Y 方向标定点位置。 **注意**:设置完成后若出现写字板与实际位置方向不符,请检查 P1、P2、P3 三点是否与实际标定点原点、X 方向标定点和 Y 方向标定点相吻合	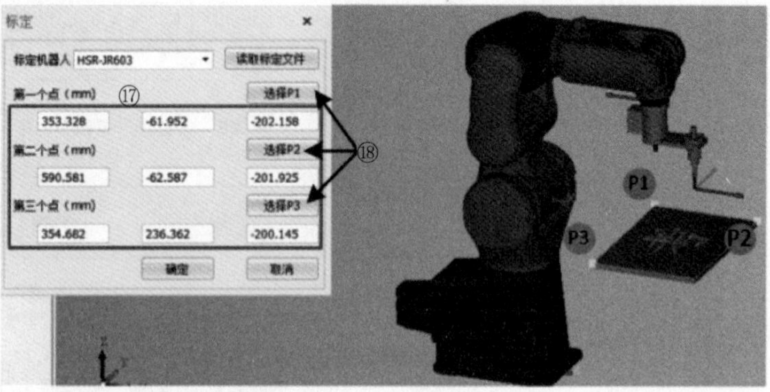
(19) 标定完成后,此时工件与基坐标系的相对位置关系与实体一致,保证了离线编程中轨迹描绘的精准性。其中 X、Y、Z、RZ、RY 的值严禁再次更改,否则会导致仿真的虚拟位置与写字板的实体位置脱节	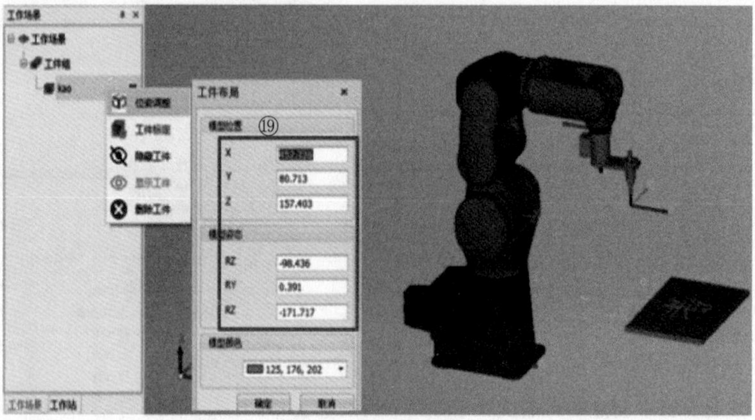

4. 轨迹获取

在离线仿真软件中,完成了机器人硬件模型的搭建,下一步进行轨迹的编程操作。首先进行轨迹的获取,过程如表 2-3-4 所示。

表 2-3-4　轨迹获取操作步骤

<table>
<tr><th>操作步骤</th><th>图　示</th></tr>
<tr><td>（1）单击“工作站”按钮。
（2）单击“工序组”按钮。
（3）单击“创建操作”按钮</td><td>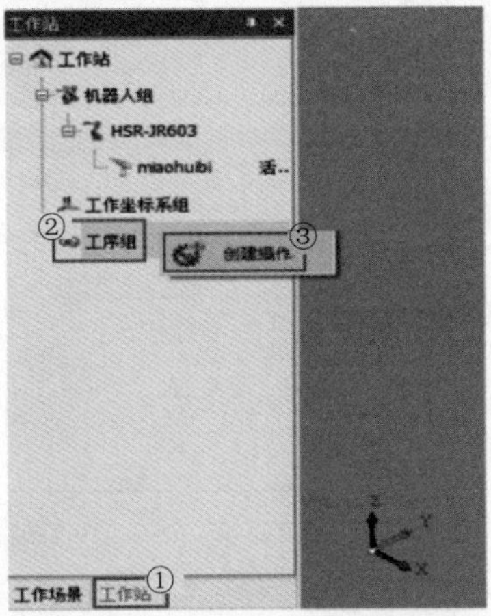
</td></tr>
<tr><td>（4）操作类型为“离线操作”，加工模式为“手拿工具”。操作名称可以自定义，此处使用默认操作名称“操作1”。
（5）单击“确定”按钮</td><td>
</td></tr>
<tr><td>（6）单击“操作1”按钮。
（7）单击“路径添加”按钮</td><td>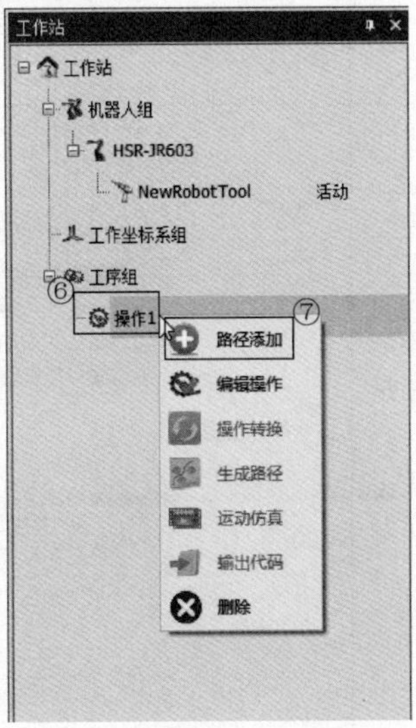
</td></tr>
</table>

续表

<table>
<tr><th>操 作 步 骤</th><th>图 示</th></tr>
<tr><td>(8) 路径名称可以自定义，此处使用默认路径名称“路径 1”。
(9) 单击“添加”按钮</td><td>
</td></tr>
<tr><td>(10) 驱动元素选择“通过线”。
(11) 单击加号⊕按钮</td><td>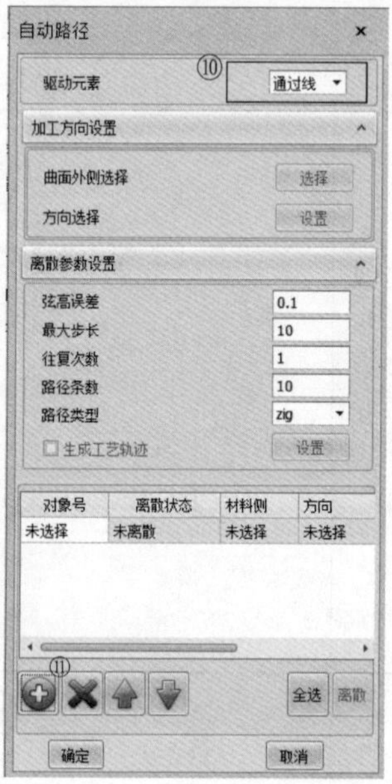
</td></tr>
<tr><td>(12) 元素选取方式：直接选取，即单击“选择面”按钮。
(13) 在写字板上单击要书写的平面，单击后书写平面会变成绿色</td><td>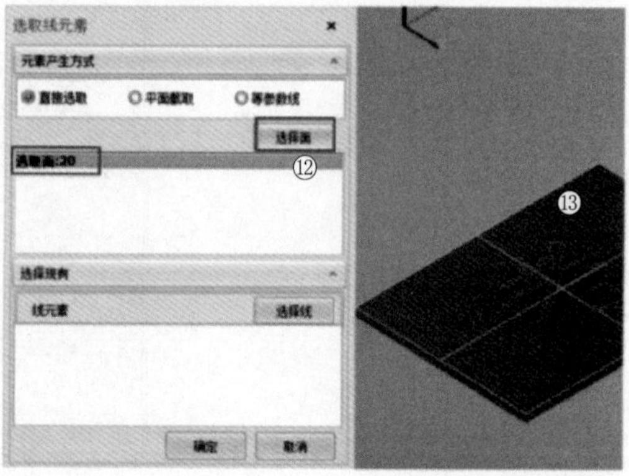
</td></tr>
</table>

续表

操 作 步 骤	图　示
（14）单击“选择线”按钮。 （15）在写字板上依次单击要书写的笔画，单击后，每条被选择的笔画会变成橙色。 **注意**：选择笔画时，严格按照顺序选取笔画，不能跳选	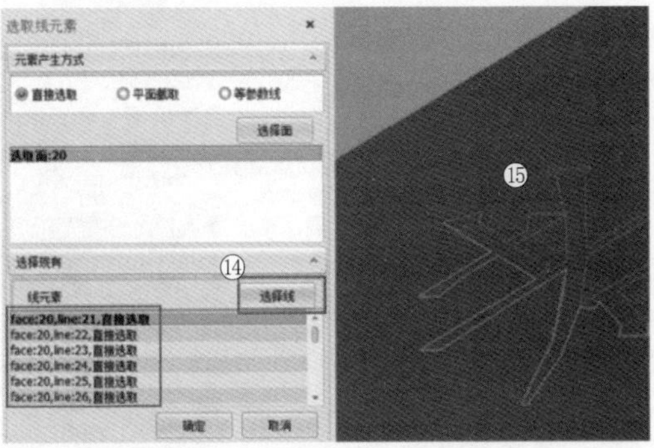
（16）～（18）单击“未选择”→“全选”→“选择”按钮。 （19）选择加工表面方向的箭头，箭头被选中后会变为白色	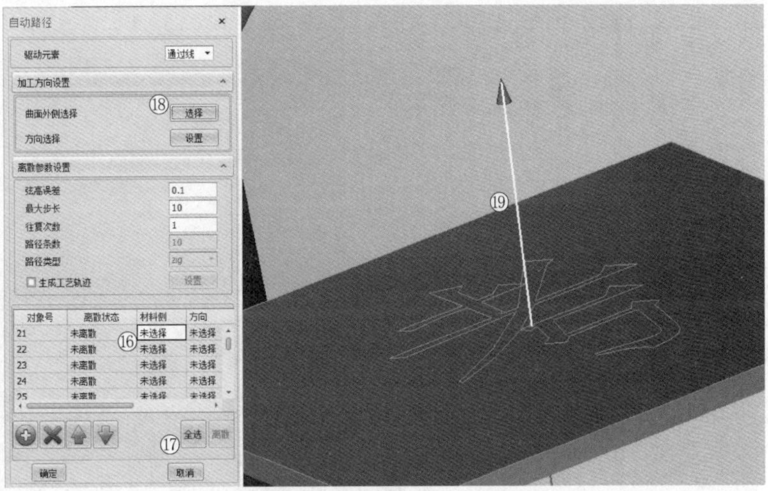
（20）、（21）单击“设置”按钮，选择向下的箭头，箭头被选中后同样会变为白色	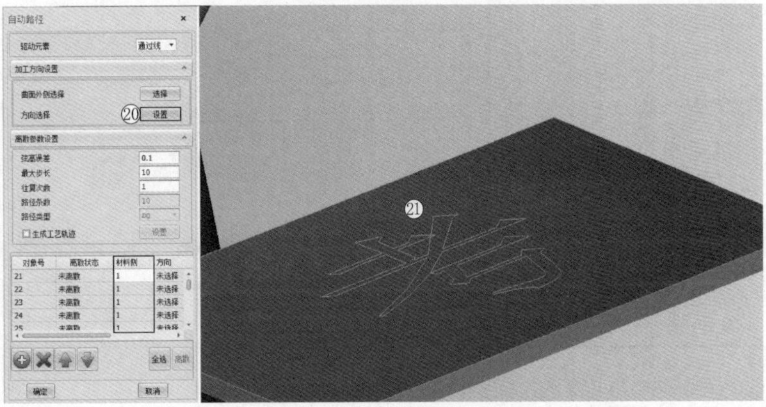

续表

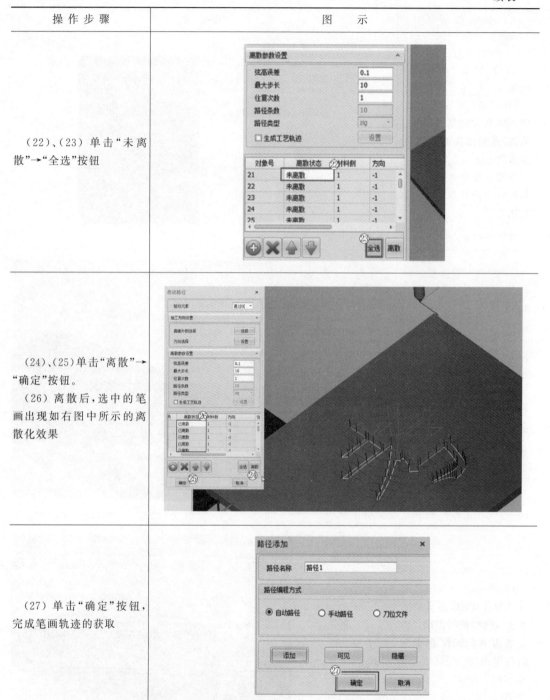

<table>
<tr><th>操 作 步 骤</th><th>图　　示</th></tr>
<tr><td>(22)、(23) 单击“未离散”→“全选”按钮</td><td>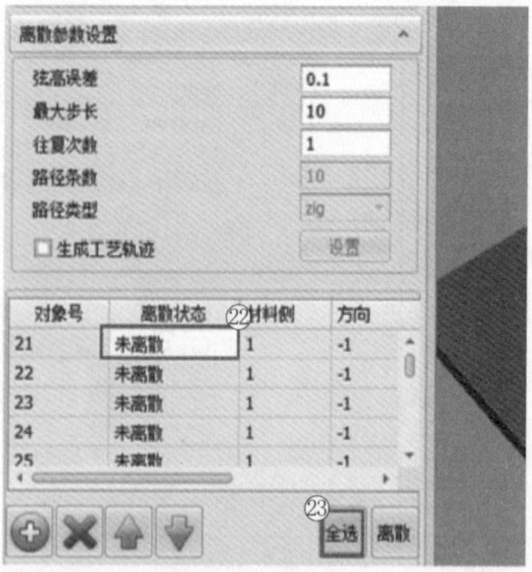
</td></tr>
<tr><td>(24)、(25)单击“离散”→“确定”按钮。
(26) 离散后，选中的笔画出现如右图中所示的离散化效果</td><td>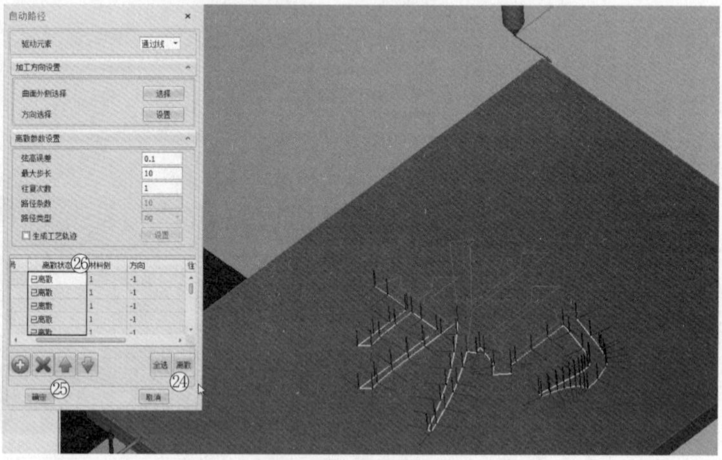</td></tr>
<tr><td>(27) 单击“确定”按钮，完成笔画轨迹的获取</td><td>
</td></tr>
</table>

5. 轨迹调试

对获取的笔画路径进行同目标点编辑，使得每一个路径点都能以同一个姿态到达目的位置，步骤如表 2-3-5 所示。

表 2-3-5　轨迹调试操作步骤

操 作 步 骤	图　　示
(1)～(3) 右击“操作1”，选择“编辑操作”命令，单击“编辑点”按钮	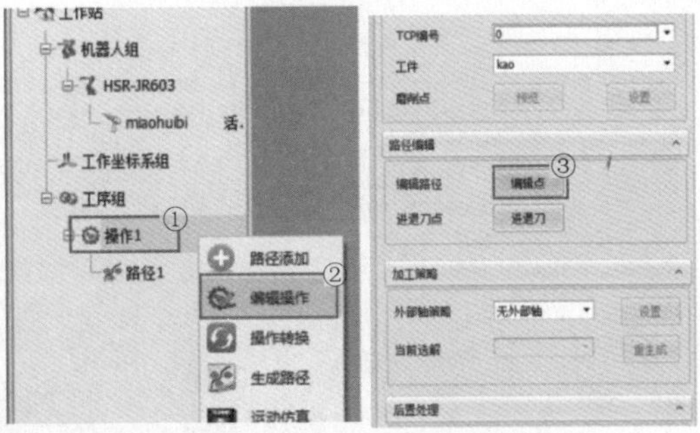
(4) 下拉滑条，在“批量调节”中，设置离散后的第1个点到最后1个点，即“从1到88”，设置好后按回车键。这里根据自己离散后的点位数量自行设置。 (5)、(6) 单击“同目标点”按钮，然后在离散点中选择1个点。此操作的意义是将该点的目标姿态作为所有离散点的目标姿态。写字过程中若出现姿态不合理，可在此选择其他点作为同目标点	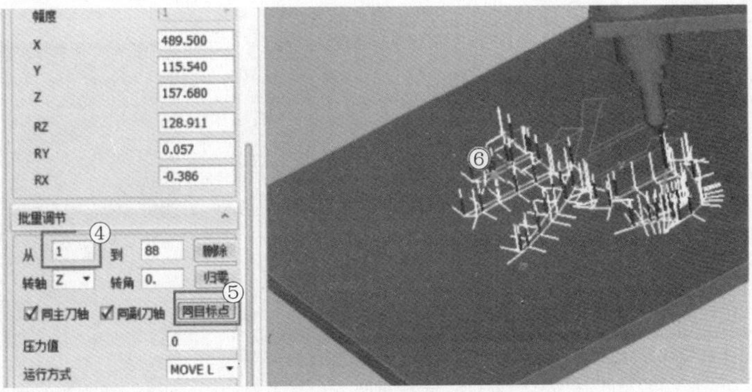
(7)～(9) 选择离散点中的第1个点，将Z值增大40，然后按回车键，“点添加方式”选择“前面加入”，单击“确定”按钮。此操作是设置写字前的落笔位置	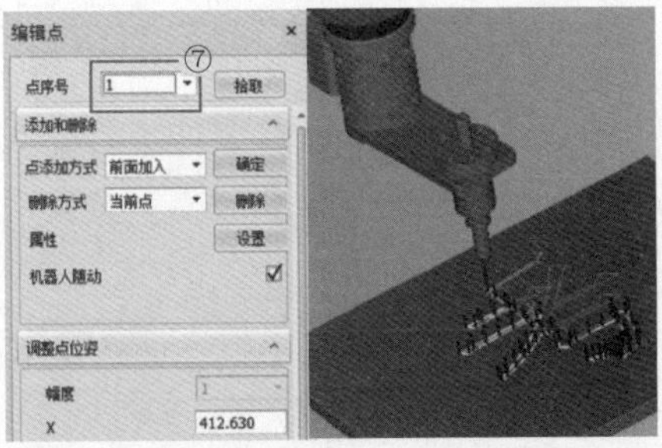 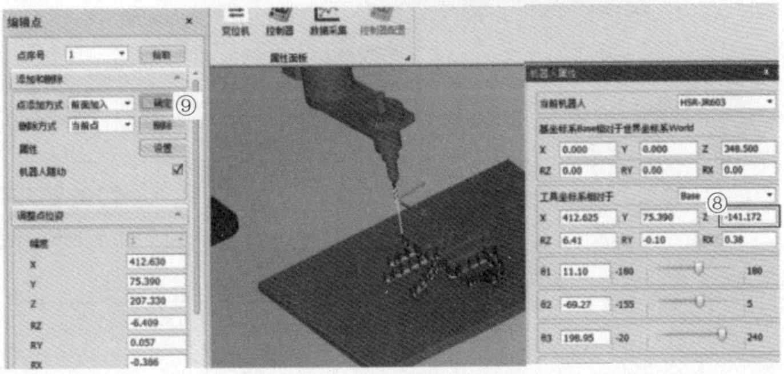

续表

操作步骤	图示
(10)～(13) 以同样的方式，在离散点的后面添加起笔位置	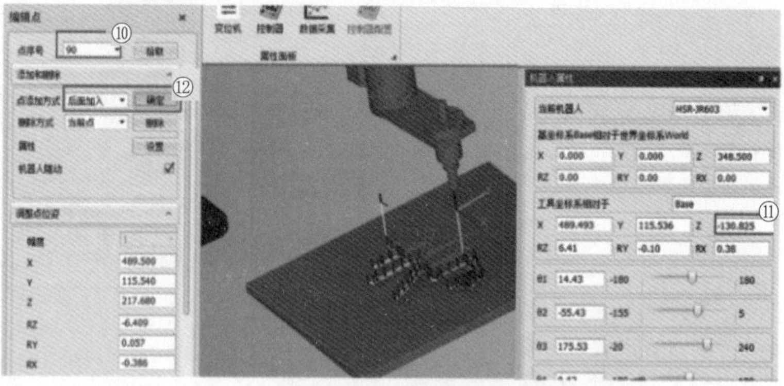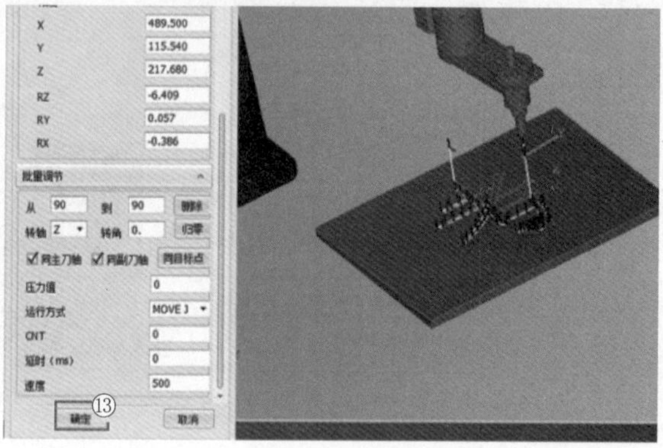
(14)、(15) 单击“生成路径”→“确定”按钮	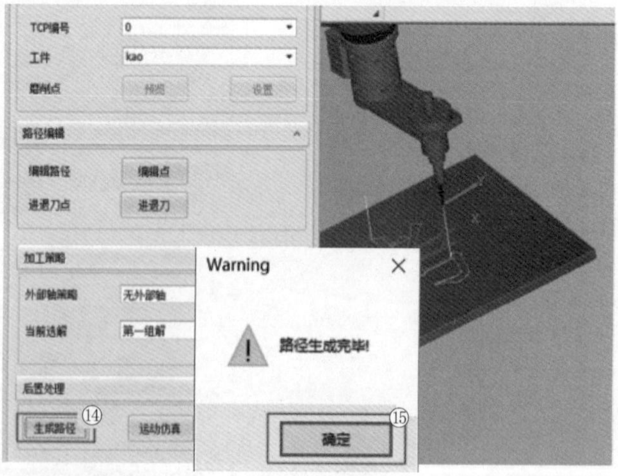

续表

操 作 步 骤	图　　示
(16) 输出代码,并选择输出代码路径。 (17)～(20) 代码名称为大写的英文字母,保存代码。单击"输出控制代码"→"确定"按钮	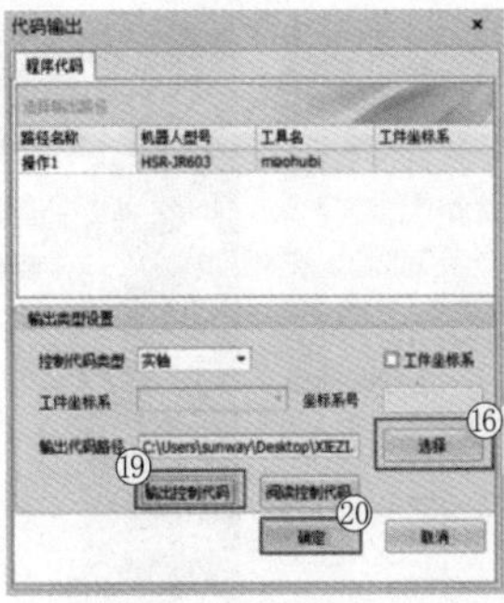 

6. 程序验证

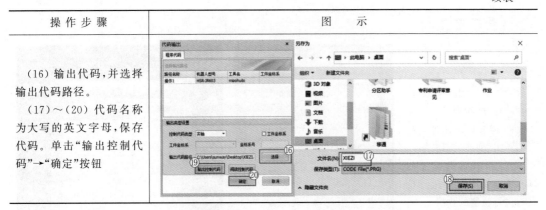

将输出的控制代码导入示教器,操作步骤如表 2-3-6 所示。

表 2-3-6　程序验证操作步骤

操 作 步 骤	图　　示
(1) 将输出的控制代码复制到 U 盘,将 U 盘插到示教器背面的 USB 接口。 (2) 通过示教器"恢复"功能将程序导入示教器	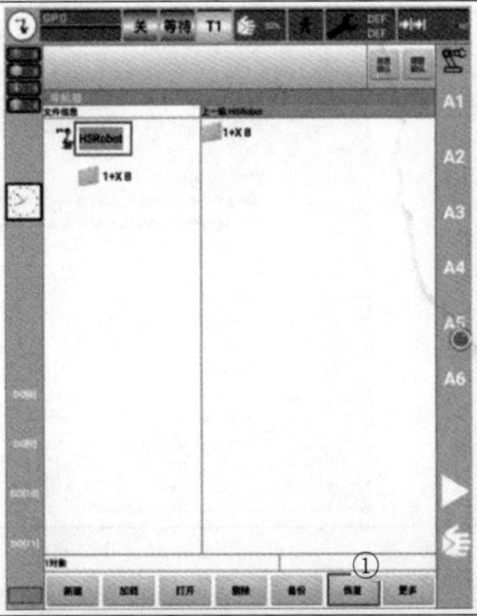 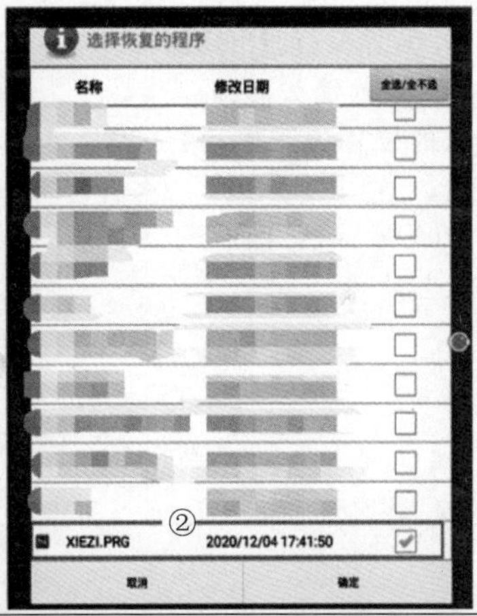
(3) 程序文件导入成功后会出现如右图所示的界面。 (4) 在示教器中,对导入的程序进行修改。将 UTOOL_NUM 的值改为工具标定对应的序号,此处为 5,将 UFRAME_NUM 的值改为工件标定对应的序号,此处为 5。 **注意**:若不使用工件坐标,默认修改为－1	 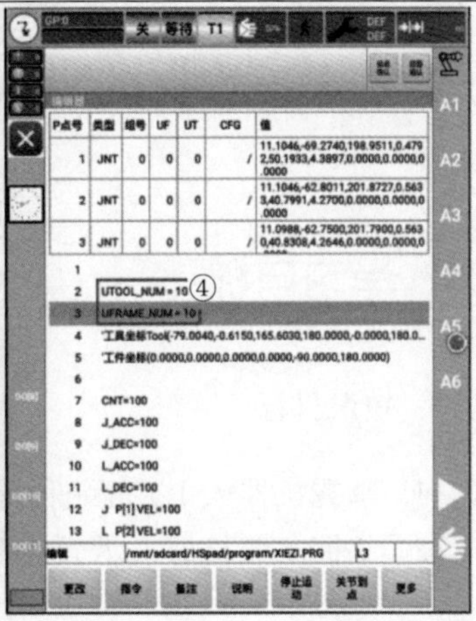

续表

操作步骤	图示
(5)、(6) 单击“更多”按钮→“保存”按钮。 (7) 回到程序文件路径下，单击“加载”按钮。 (8) 示教器背部上使能，手动按下程序运行按钮，进行轨迹的描绘	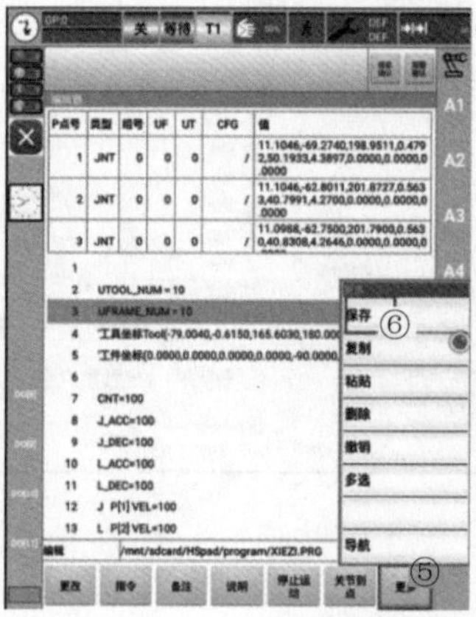 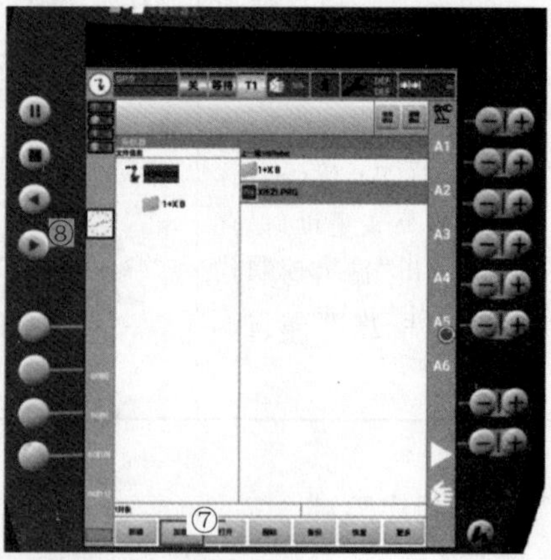
(9) 程序运行时出现如右图所示的箭头，该箭头所指的位置为程序运行位置。 (10) 显示栏当前处于的状态	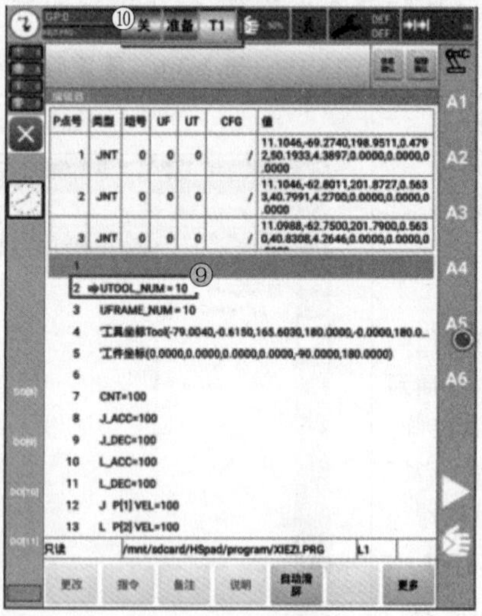

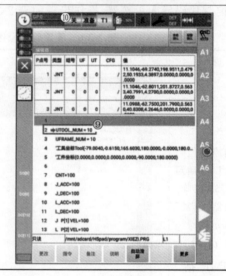

任务 2.4 工业机器人搬运编程与调试

任务 2.4 微课视频

任务 2.4 二维动画

学习目标

1. 知识目标

(1) 掌握机器人 IO 指令和延时指令的格式。

(2) 掌握工业机器人示教编程的步骤。

2. 能力目标

(1) 能够合理应用 IO 指令和延时指令。
(2) 能够合理规划机器人搬运路径。
(3) 能够完成工业机器人搬运编程与调试。

3. 情感目标

(1) 能按现场 6S 管理的要求清理现场。
(2) 培养严谨、认真的工作态度与逻辑思维能力。

任务描述

现有一生产任务，需要将左侧的 9 个三角形物料搬运到右侧，如图 2-4-1 所示。左侧的 9 个三角形物料随机摆放，需要按照自上而下、从左至右的顺序摆放，即 789-654-123。使用运动指令、IO 指令完成任务。

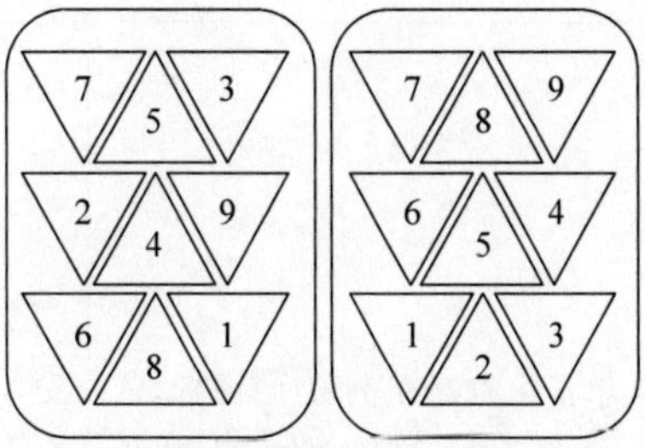

图 2-4-1　物料搬运前后摆放位置

学习工作流程

学习活动 1：工业机器人搬运路径规划。
学习活动 2：工业机器人搬运编程与调试。

相关知识

1. IO 指令

IO 指令包括了 DI、DO 和 WAIT 指令，如图 2-4-2 所示。DO 指令可用于给当前 IO 赋值为 ON 或者 OFF，也可用于在 DI 和 DO 之间传值。WAIT 指令用于等待一个指定信号。WAIT TIME 指令用于睡眠等待，单位为 ms。

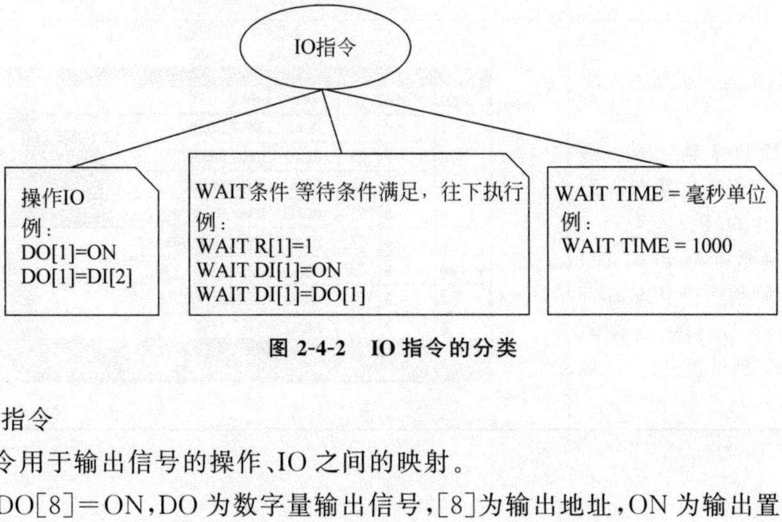

图 2-4-2　IO 指令的分类

1) DO 指令

DO 指令用于输出信号的操作、IO 之间的映射。

例如：DO[8]=ON，DO 为数字量输出信号，[8]为输出地址，ON 为输出置位为 1。

DO[8]=OFF,OFF 为输出复位为 0。

(1) 强制输出方法 1,操作步骤如表 2-4-1 所示。

表 2-4-1 DO 强制输出方法 1

操作步骤	图示
接通气源	—
单击示教器左上角图标,依次选择“显示”→“输入/输出端”→“数字输入/输出端”命令	
选择数字输出端 DO[8],单击选项“值”,则状态值改变,即 DO[8]为 ON,母盘钢珠缩回	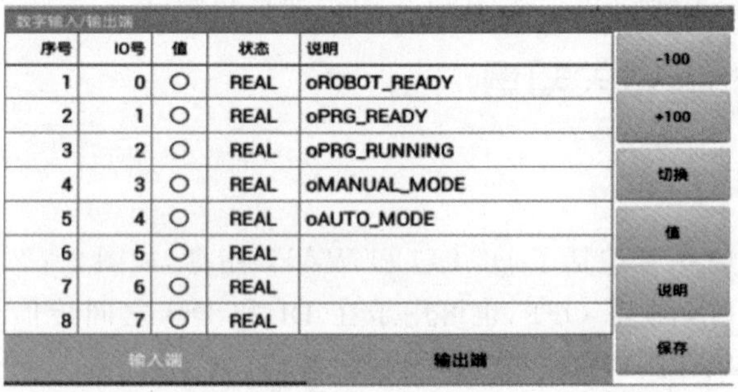
手动将夹具放置于机器人末端母盘上。 首先,选择数字输出端 DO[8],单击选项“值”,则状态值为空,即 DO[8]为 OFF。 然后,选择数字输出端 DO[9],单击选项“值”,则状态值为绿色,即 DO[9]为 ON,钢珠伸出,将夹具安装到母盘上	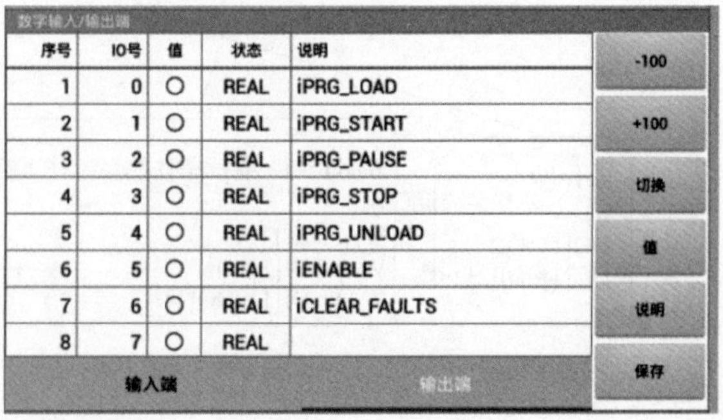

（2）强制输出操作方法 2，设置输出快捷键，如表 2-4-2 所示。

表 2-4-2　DO 强制输出方法 2

<table>
<tr><th>操作步骤</th><th>图　示</th></tr>
<tr><td>选择“配置”→“示教器配置”→“备用按键配置”选项</td><td>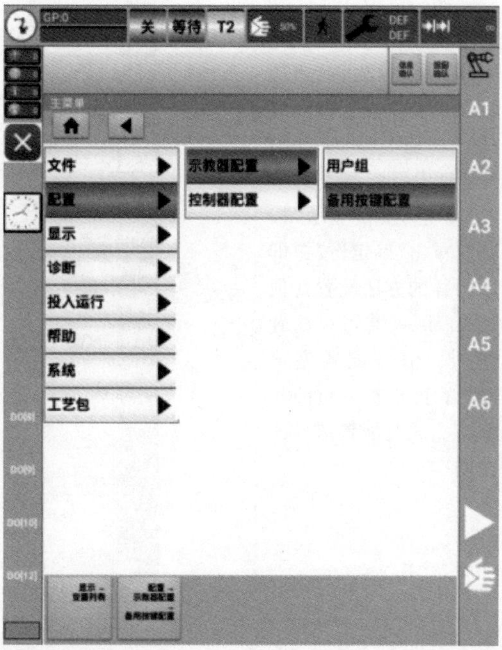
</td></tr>
<tr><td>开始配置</td><td>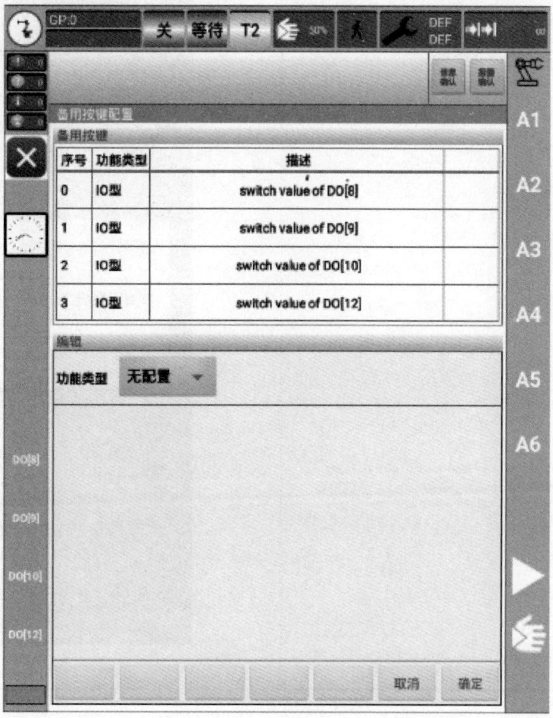
</td></tr>
</table>

续表

操 作 步 骤	图　　示
以配置 DO[8]信号为例，选择“序号 0”所在的行，单击右侧的“修改”按钮，“功能类型”选择为“IO 型”，将 DO 索引修改为 8，单击右下角的“确定”按钮显示“按键配置成功”，单击“确定”按钮即可。可以用同样的方法配置其他数字量输出信号，一共可以配置 4 个输出信号。信号配置完成后，通过操作示教器左下角的相应快捷键即可完成对配置信号的强制输出控制	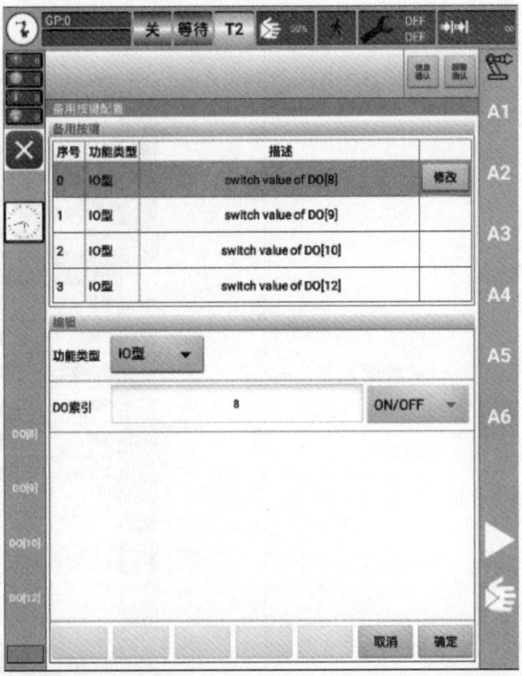
配置成功	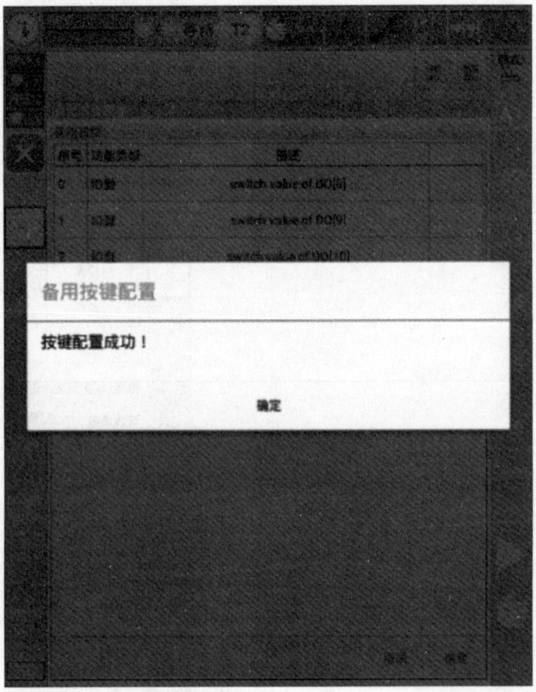

（3）程序中插入 DO 指令的操作步骤，如表 2-4-3 所示。

表 2-4-3 程序中插入 DO 指令的操作步骤

操作步骤	图示
选中需要添加 DO 指令行的上一行	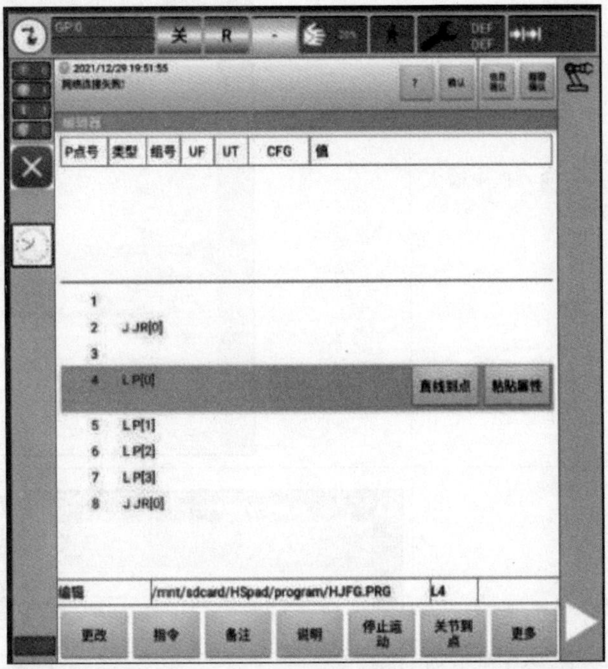
选择“指令”→“IO 指令”→DO	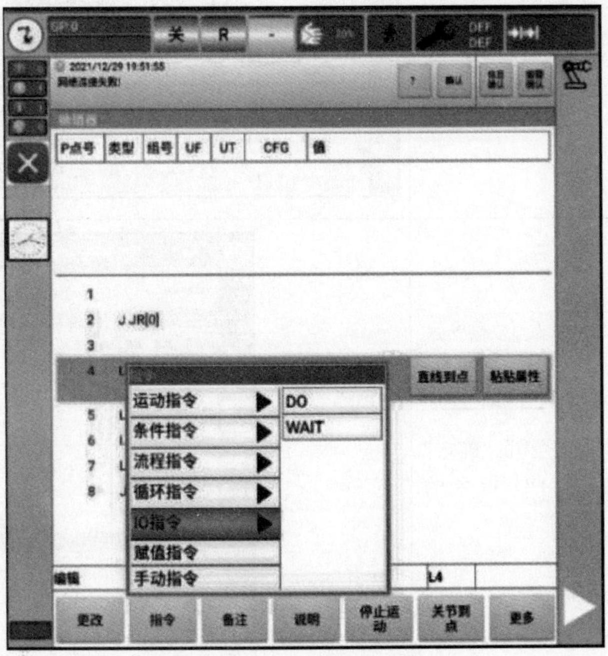

续表

操 作 步 骤	图 示
在第一个输入框中输入DO序号	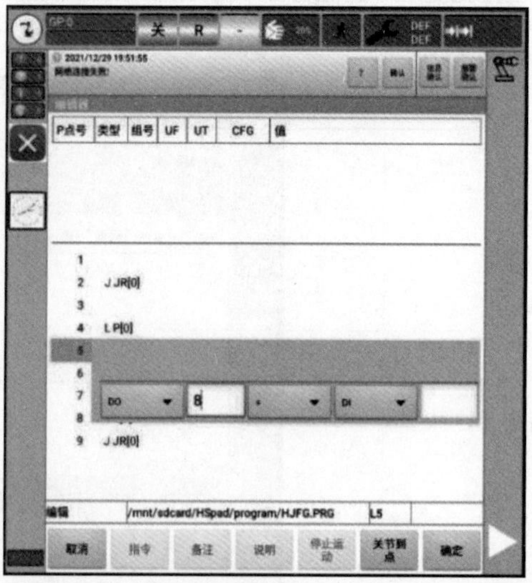
在第二个选择框选择相应的值或者DO，如果选择了DO，则需要在对应的输入框中输入相应的DO序号	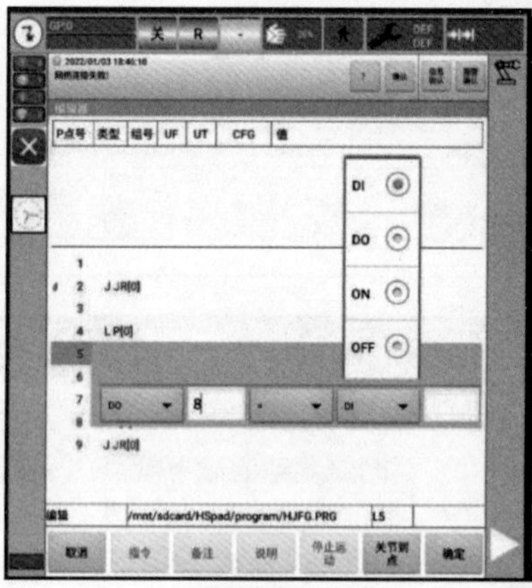 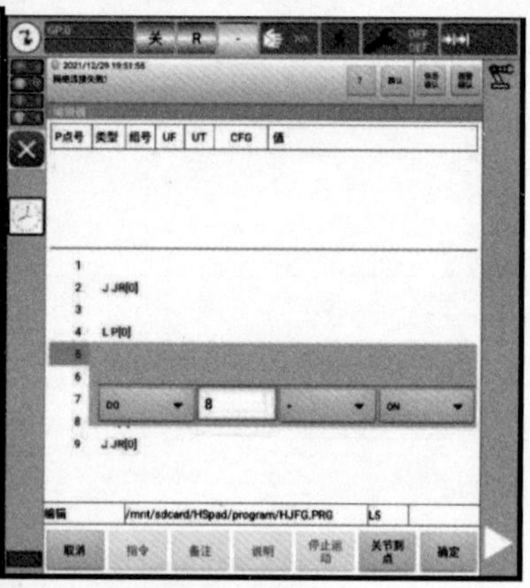
单击操作栏中的“确定”按钮，完成DO指令的添加	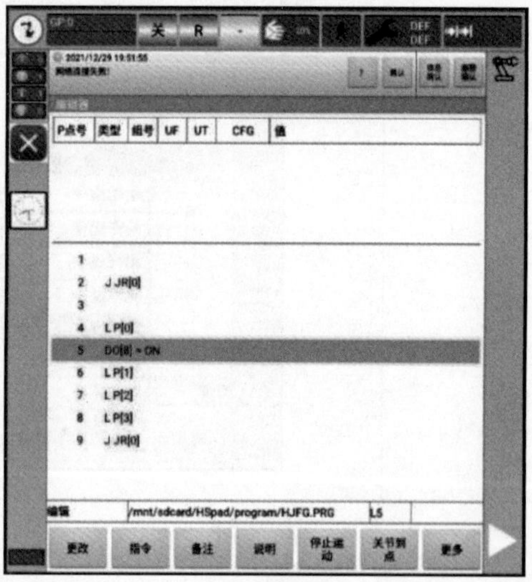

2）WAIT 指令

该指令用来等待某一输入、输出状态或 R 的值是否等于设置的值，若条件不满足，则程序会一直阻塞在此行，直到条件满足才继续执行。

例如：WAIT DI[1]＝ON，WAIT 为等待，DI 为数字量输入信号，[1]为输入地址，ON 为有输入，即输入为 1。

（1）程序中插入 WAIT 指令的操作步骤如表 2-4-4 所示。

表 2-4-4　程序中插入 WAIT 指令的操作步骤

操作步骤	图示
选择需要添加 WAIT 指令行的上一行	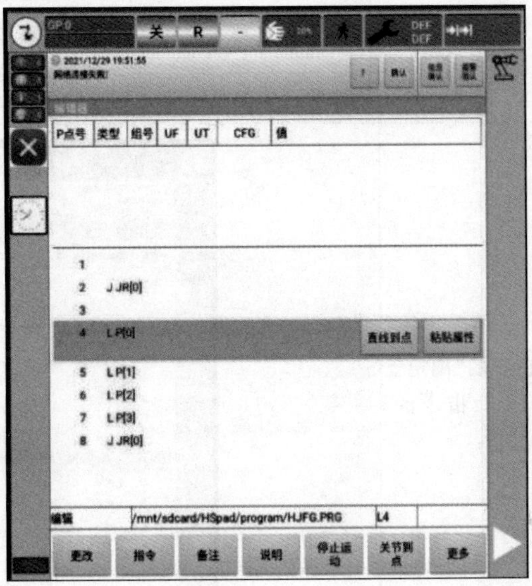
选择“指令”→“IO 指令”→WAIT	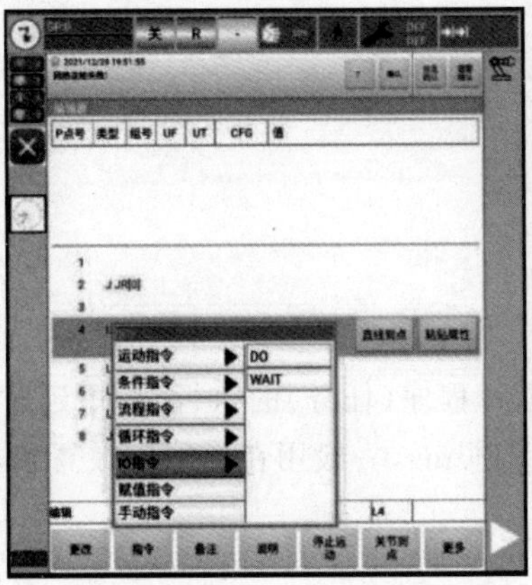 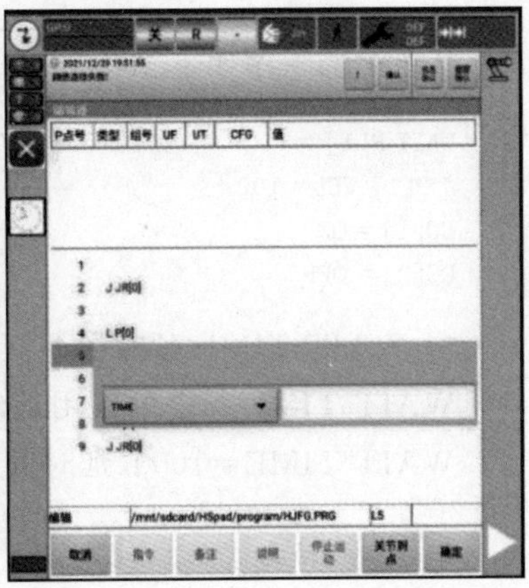

续表

操作步骤	图示
在第一个选择框中选择任一等待的信号：DI、DO、R、TIME（单位是ms），输入相应的值	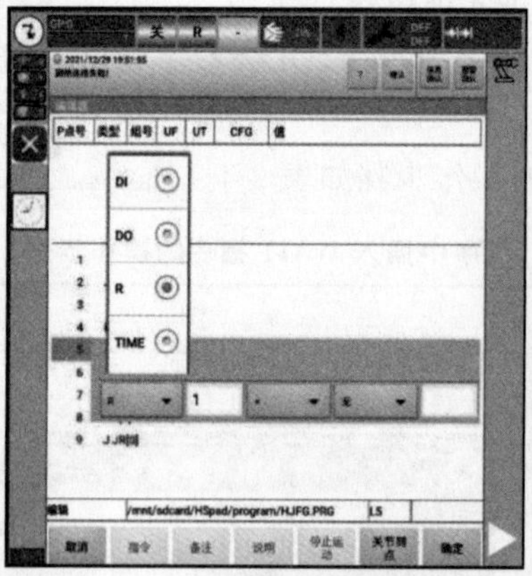 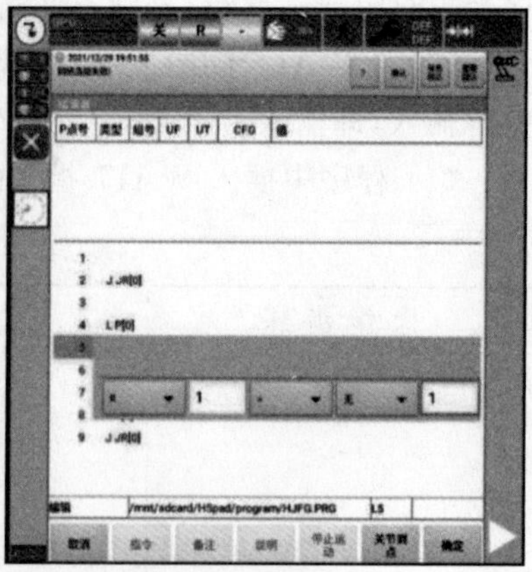
单击操作栏中的“确定”按钮完成 WAIT 指令的添加	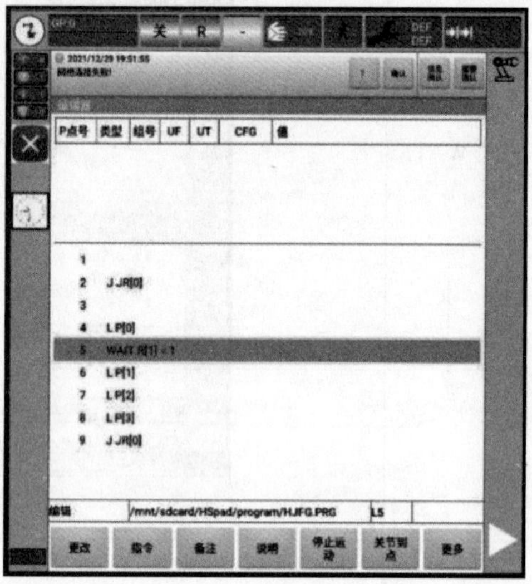

（2）示例程序如下。

```
WAIT R[1] = 1
J P[1] VEL = 100
DO[1] = ON
DO[2] = OFF
```

3）WAIT TIME 延时指令

WAIT TIME 指令的作用是延时程序（任务）的执行，最短延时时间为 1，单位 ms。WAIT TIME=1000，延时为 1000ms，一般用在抓取和放置指令之后。

2. 赋值指令——全局变量指令

赋值指令包含寄存器指令、全局变量指令两部分。下面讲解全局变量指令。全局参数分为坐标系参数和全局运动指令参数两部分。

坐标系指令分为工件坐标系 UFRAME 和工具坐标系 UTOOL，在程序中可以选择特定的坐标系编号，可在程序中切换坐标系，工具、工件坐标系编号为 0～15，默认坐标系均为 −1。坐标系指令用于程序中调用工具、工件坐标系。

注意：程序中记录的点位，若使用了工具、工件，需把工具、工件坐标系添加至程序中。

全局变量指令用于定义程序的全局参数，生效于整个程序，自带参数的除外。

(1) 在程序中插入全局变量指令的操作步骤，如表 2-4-5 所示。

表 2-4-5　插入全局变量指令的操作步骤

操 作 步 骤	图　　示
选中需要添加寄存指令行的上一行	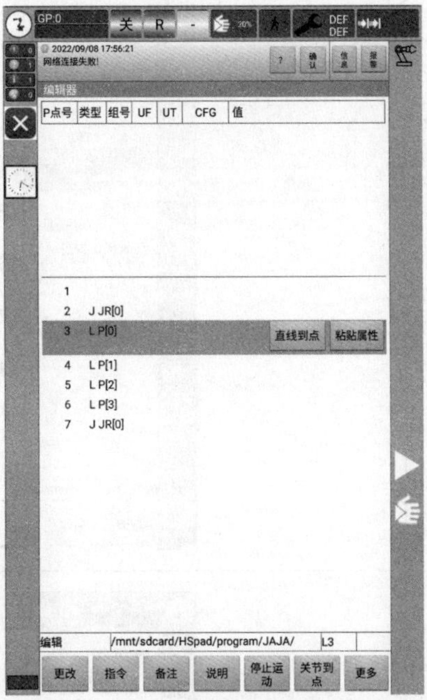
选择“指令”→“赋值指令”	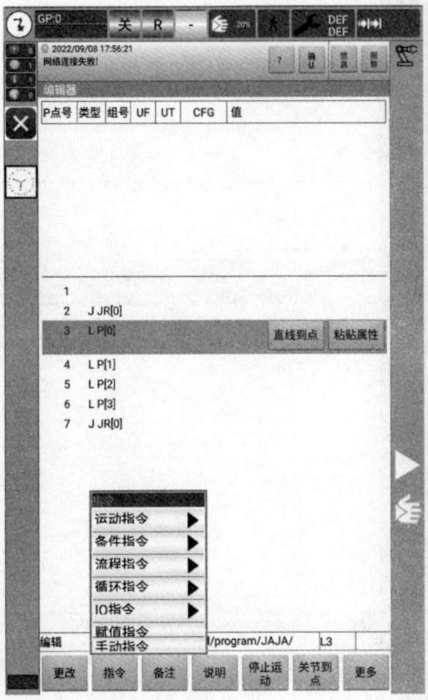 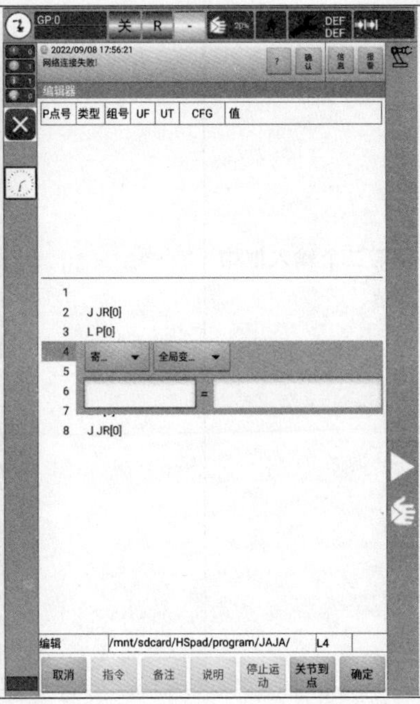

续表

<table>
<tr><th>操 作 步 骤</th><th>图　　示</th></tr>
<tr><td>在第一个输入框中,“全局变量”下拉框选择类型</td><td>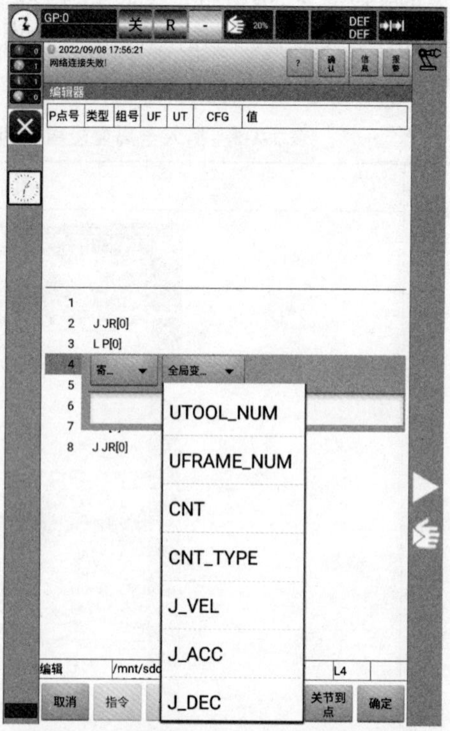
</td></tr>
<tr><td>在第二个输入框中输入值</td><td>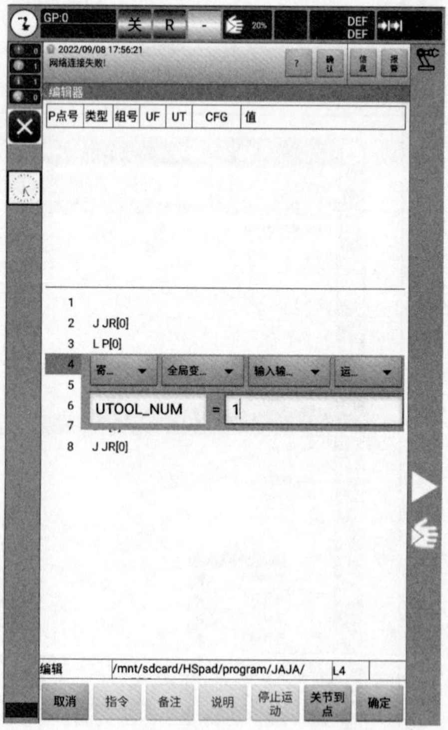
</td></tr>
</table>

续表

操 作 步 骤	图 示
单击操作栏中的"确定"按钮完成"赋值"→"全局变量"指令的添加	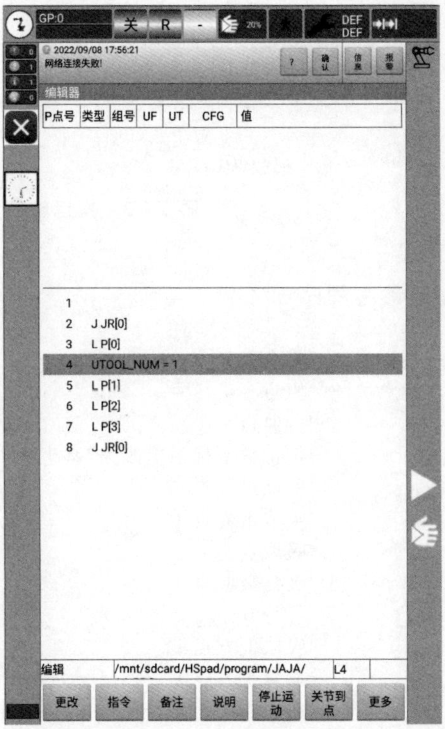

(2) 示例程序如下。

```
'调用工具号 1 和工件号 1 和设置的全局直线运动参数
UTOOL_NUM = 1
UFRAME_NUM = 1
L_VEL = 500
L_ACC = 80
L_DEC = 80
L P[1]
'使用自己的直线速度、加速比、减速比
L P[2] VEL = 200 ACC = 60 DEC = 60
'调用默认坐标系工具号 - 1 和工件号 - 1 和设置的全局直线运动参数
UTOOL_NUM = -1
UFRAME_NUM = -1
L P[1]
L P[2]
```

3. 搬运路径规划

搬运路径规划如图 2-4-3 所示。

从原点出发→过渡点→到达抓取点上方(过渡点)→到达抓取点→抓取延时→到达抓取点上方(过渡点)→到达放置点上方(过渡点)→到达放置点→放置→延时→到达放置点上方(过渡点)→过渡点→到达原点。

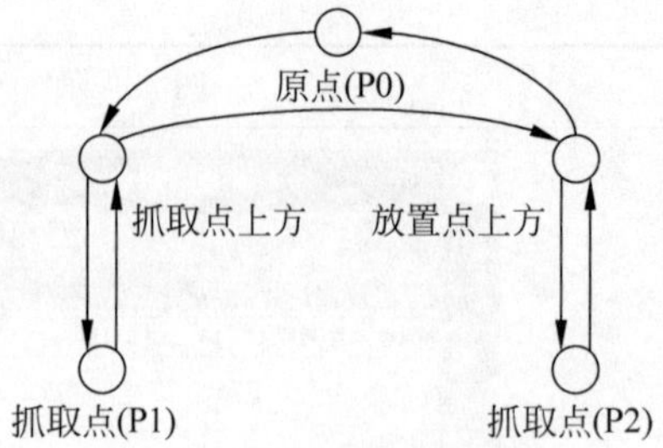

图 2-4-3 搬运路径

4. 点到点搬运参考程序

```
DO[12] = OFF            '吸盘松开
J JR[0]                 '原点
J P[0]                  '过渡点
UFRAME_NUM = 1          '把工件坐标系更改为"基坐标 1"
J P[1]                  '斜面过渡点
L P[11]                 '吸取上方点 1
L P[21]                 '吸取点 1
DO[12] = ON             '吸盘吸取
WAIT TIME = 500         '等待 0.5s
L P[11]                 '吸取上方点 1
L P[31]                 '放置上方点 1
L P[41]                 '放置点 1
DO[12] = OFF            '吸盘松开
WAIT TIME = 500         '等待 0.5s
L P[31]                 '放置上方点 1
L P[12]                 '吸取上方点 2
L P[22]                 '吸取点 2
DO[12] = ON             '吸盘吸取
WAIT TIME = 500         '等待 0.5s
L P[12]                 '吸取上方点 2
L P[32]                 '放置上方点 2
L P[42]                 '放置点 2
DO[12] = OFF            '吸盘松开
WAIT TIME = 500         '等待 0.5s
L P[32]                 '放置上方点 2
L P[13]                 '吸取上方点 3
L P[23]                 '吸取点 3
DO[12] = ON             '吸盘吸取
WAIT TIME = 500         '等待 0.5s
L P[13]                 '吸取上方点 3
L P[33]                 '放置上方点 3
L P[43]                 '放置点 3
DO[12] = OFF            '吸盘松开
WAIT TIME = 500         '等待 0.5s
L P[33]                 '放置上方点 3
L P[14]                 '吸取上方点 4
L P[24]                 '吸取点 4
DO[12] = ON             '吸盘吸取
WAIT TIME = 500         '等待 0.5s
L P[14]                 '吸取上方点 4
```

```
L P[34]                 '放置上方点 4
L P[44]                 '放置点 4
DO[12] = OFF            '吸盘松开
WAIT TIME = 500         '等待 0.5s
L P[34]                 '放置上方点 4
L P[15]                 '吸取上方点 5
L P[25]                 '吸取点 5
DO[12] = ON             '吸盘吸取
WAIT TIME = 500         '等待 0.5s
L P[15]                 '吸取上方点 5
L P[35]                 '放置上方点 5
L P[45]                 '放置点 5
DO[12] = OFF            '吸盘松开
WAIT TIME = 500         '等待 0.5s
L P[35]                 '放置上方点 5
L P[16]                 '吸取上方点 6
L P[26]                 '吸取点 6
DO[12] = ON             '吸盘吸取
WAIT TIME = 500         '等待 0.5s
L P[16]                 '吸取上方点 6
L P[36]                 '放置上方点 6
L P[46]                 '放置点 6
DO[12] = OFF            '吸盘松开
WAIT TIME = 500         '等待 0.5s
L P[36]                 '放置上方点 6
L P[17]                 '吸取上方点 7
L P[27]                 '吸取点 7
DO[12] = ON             '吸盘吸取
WAIT TIME = 500         '等待 0.5s
L P[17]                 '吸取上方点 7
L P[37]                 '放置上方点 7
L P[47]                 '放置点 7
DO[12] = OFF            '吸盘松开
WAIT TIME = 500         '等待 0.5s
L P[37]                 '放置上方点 7
L P[18]                 '吸取上方点 8
L P[28]                 '吸取点 8
DO[12] = ON             '吸盘吸取
WAIT TIME = 500         '等待 0.5s
L P[18]                 '吸取上方点 8
L P[38]                 '放置上方点 8
L P[48]                 '放置点 8
DO[12] = OFF            '吸盘松开
WAIT TIME = 500         '等待 0.5s
L P[38]                 '放置上方点 8
L P[19]                 '吸取上方点 9
L P[29]                 '吸取点 9
DO[12] = ON             '吸盘吸取
WAIT TIME = 500         '等待 0.5s
L P[19]                 '吸取上方点 9
L P[39]                 '放置上方点 9
L P[49]                 '放置点 9
DO[12] = OFF            '吸盘松开
WAIT TIME = 500         '等待 0.5s
L P[39]                 '放置上方点 9
```

```
J P[1]                    '斜面过渡点
J P[0]                    '过渡点
J JR[0]                   '回原点
<end>
```

任务 2.5　工业机器人码垛编程与调试

任务 2.5
微课视频

学习目标

1. 知识目标

(1) 掌握机器人赋值——寄存器指令、IF 条件指令。
(2) 掌握机器人循环以及跳转指令。
(3) 掌握工业机器人示教编程的步骤。

2. 能力目标

(1) 能够合理规划机器人码垛路径。
(2) 能够完成工业机器人码垛编程与调试。

3. 情感目标

(1) 能按现场 6S 管理的要求清理现场。
(2) 培养学生的效率意识。

任务描述

在工业机器人工作站中，手动安装吸盘工具，通过编程调试，实现机器人码垛，具体码垛要求如下：将表 2-5-1 中图示的物料按照下、中、上三层的顺序摆放，码垛结果如表 2-5-1 所示。

表 2-5-1　码垛要求

<table>
<tr><th>码垛前</th><th>码垛结果</th></tr>
<tr><td></td><td>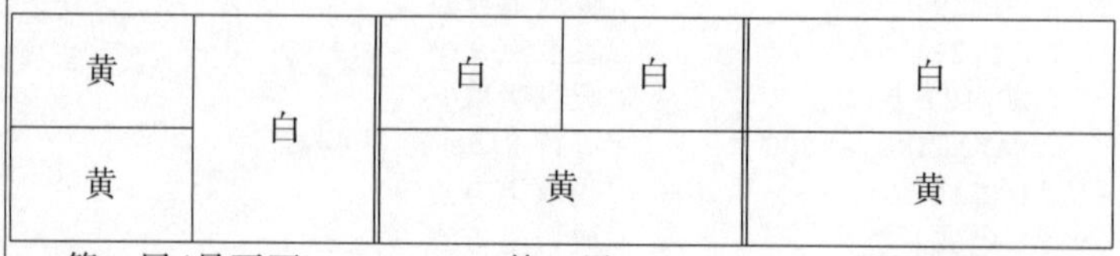

第一层(最下面)　第二层　第三层</td></tr>
</table>

学习工作流程

学习活动 1：工业机器人码垛编程与调试——循环指令的应用。

学习活动 2：工业机器人码垛编程与调试——IF 条件 GOTO LBL[]指令的应用。

相关知识

1. 赋值指令——寄存器指令

寄存器指令用于寄存器赋值、更改等，包含浮点型的 R 寄存器、关节坐标类型的 JR 寄存器、笛卡儿类型的 LR 寄存器。其中，R 寄存器有 300 个可供用户使用；JR 与 LR 寄存器各有 300 个。一般情况下，用户将预先设置的值赋值给对应索引号的寄存器，如 R[0]=1，JR[0]=JR[1]，LR[0]=LR[1]，寄存器指令可以直接在程序中使用。寄存器指令包含 R[]、JR[]、LR[]、JR[][]、LR[][]、P[]、P[][]。

(1) 在程序中插入寄存器指令的操作步骤，如表 2-5-2 所示。

表 2-5-2 插入寄存器指令的操作步骤

操作步骤	图示
选中需要添加寄存指令行的上一行。 选择“指令”→“赋值指令”	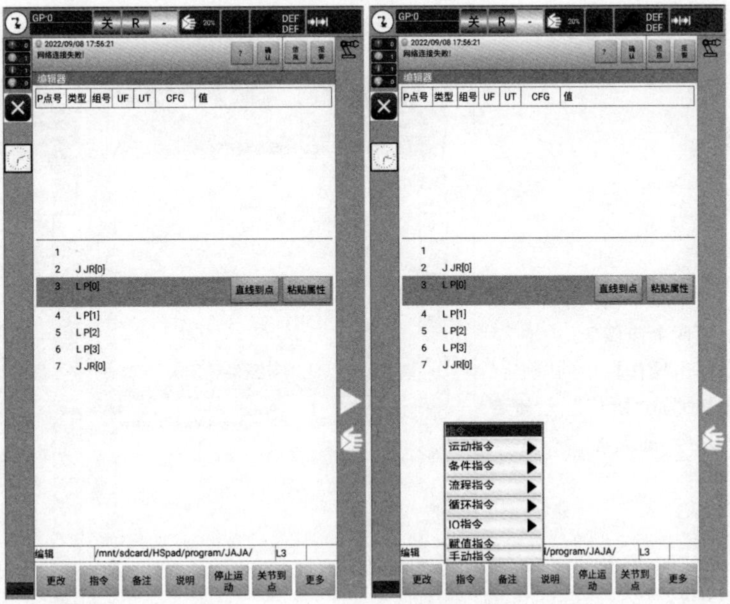

续表

操作步骤	图示
在第一个输入框中,“寄存器”下拉框选择寄存器类型。 输入框中输入寄存器索引号	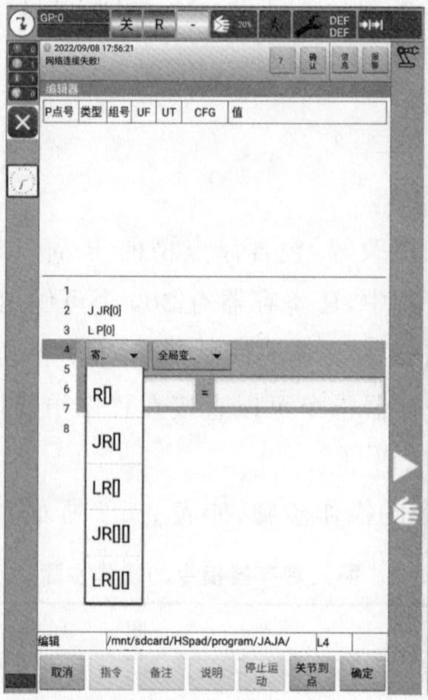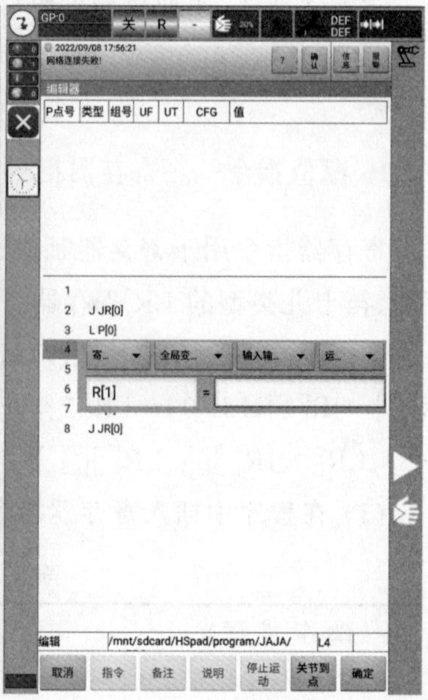
在第二个输入框中重复上面两个步骤。 单击操作栏中的“确定”按钮完成“赋值”→“寄存器指令”的添加	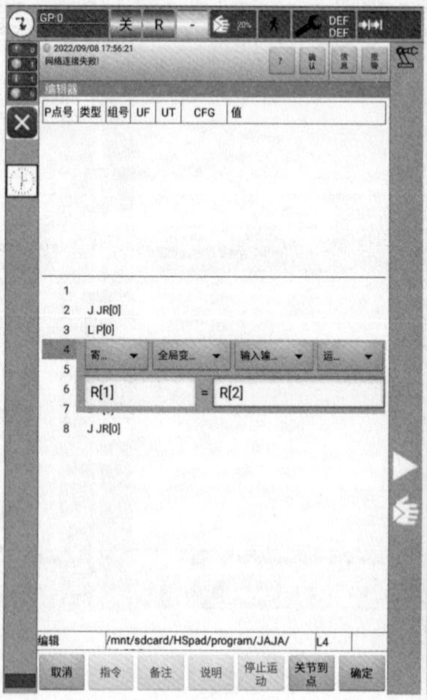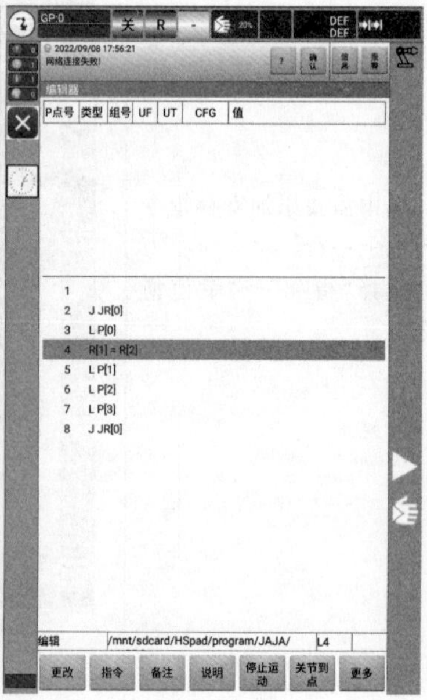

（2）示例程序如下。

```
R[1] = 1                    '1 赋值给寄存器 R[1]
R[1] = R[2]                 '寄存器 R[2]中的内容赋值给寄存器 R[1]
R[1] = R[1] + 1             '寄存器 R[1]中的内容加 1 赋值给寄存器 R[1]
R[1] = DI[1]                '把输入 DI[1]中的内容赋值给 R[1]
R[1] = DO[1]                '把输出 DO[1]中的内容赋值给 R[1]
R[1] = JR[0][0] + 90        'JR 寄存器索引[0]的第 1 个轴(J1)加 90 度赋值给 R[1]
JR[1] = JR[2]               '把 JR[2]的值赋值给 JR[1]
JR[1] = JR[1] + JR[2]       '把 JR[1]的值加上 JR[2]的值赋值给 JR[1]
JR[1][1] = JR[1][1] * 2     'JR 寄存器索引[1]的第 2 个轴(J2)乘 2 赋值给 JR[1]的第 2 个轴
JR[1][1] = JR[1][1] * R[2] 'JR 寄存器索引[1]的第 2 个轴(J2)乘 R[2]的值赋值给 JR[1]的第 2 个轴
JR[R[1]][R[2]] = JR[1][0] - R[1]
```

2. 跳转指令

跳转指令用来使程序流程转移到相应的标号 LBL 处，这大大提高了编程的灵活性，从而使主机可根据不同条件的判断，选择不同的程序段来执行。GOTO 指令和 LBL 指令结合使用完成程序的跳转，GOTO 将会跳转到 LBL 指定的行。

（1）在程序中插入跳转指令的操作步骤，如表 2-5-3 所示。

表 2-5-3　插入跳转指令的操作步骤

操作步骤	图示
选定需要插入的指令行的上一行	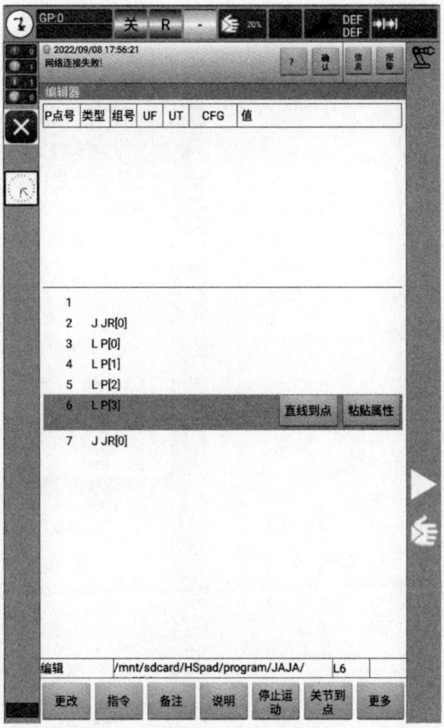

续表

操 作 步 骤	图 示
选择“指令”→“流程指令”→LBL，输入标签号	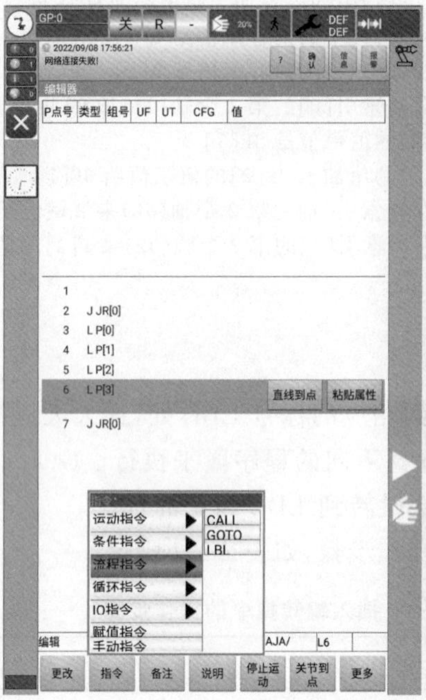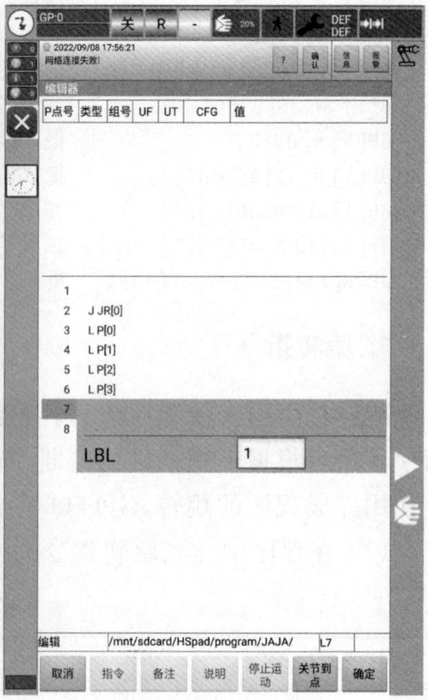
单击操作栏中的“确定”按钮，插入LBL 指令成功	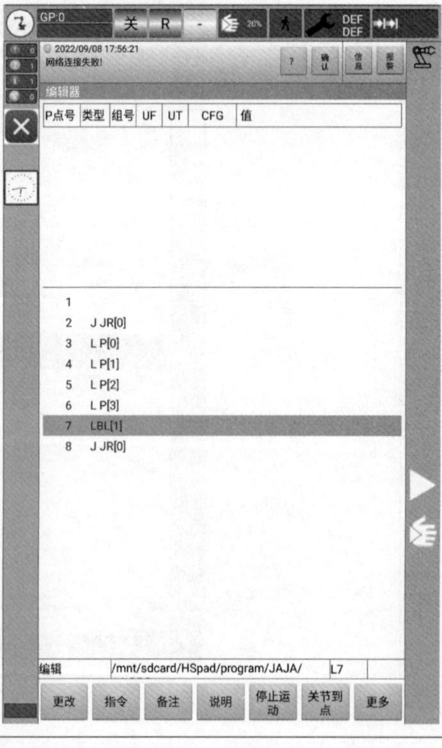

续表

<table>
<tr><th>操作步骤</th><th>图　示</th></tr>
<tr><td>选择需要跳转的指令行的上一行</td><td>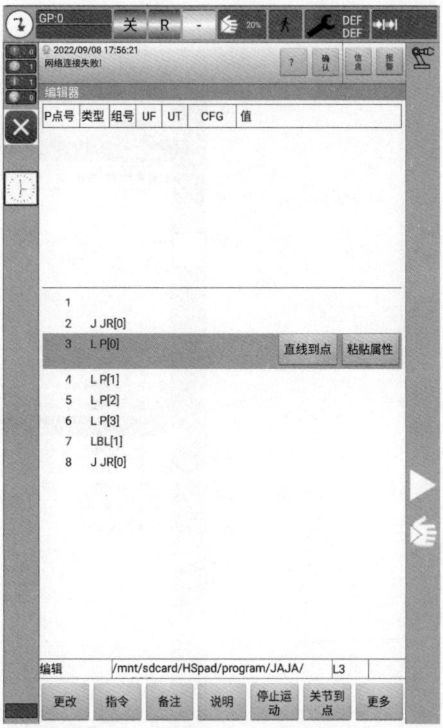
</td></tr>
<tr><td>选择“指令”→“流程指令”→GOTO，在输入框输入标签号</td><td>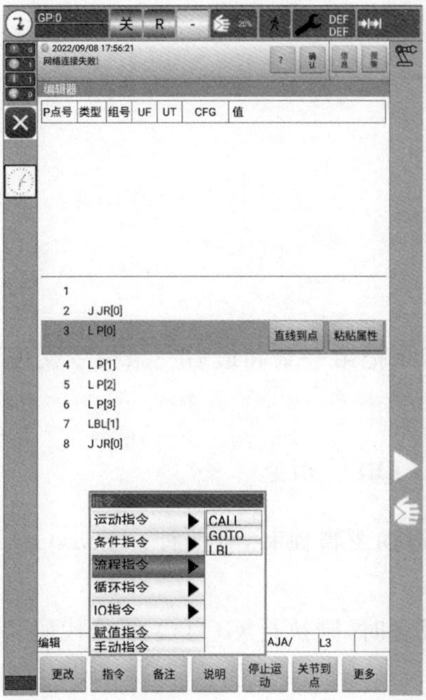

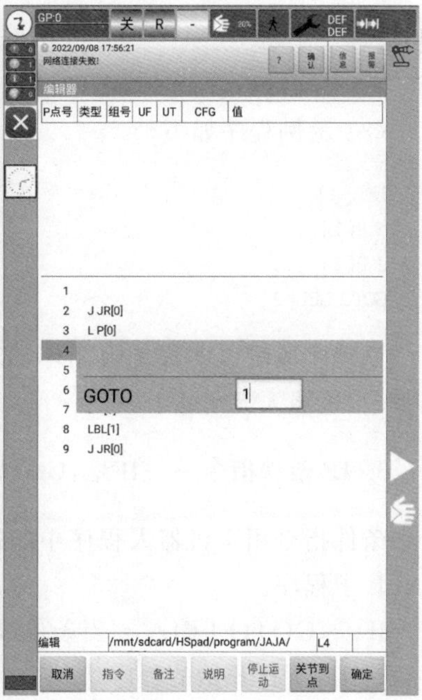
</td></tr>
</table>

续表

操作步骤	图示
单击操作栏中的"确定"按钮，添加GOTO指令成功	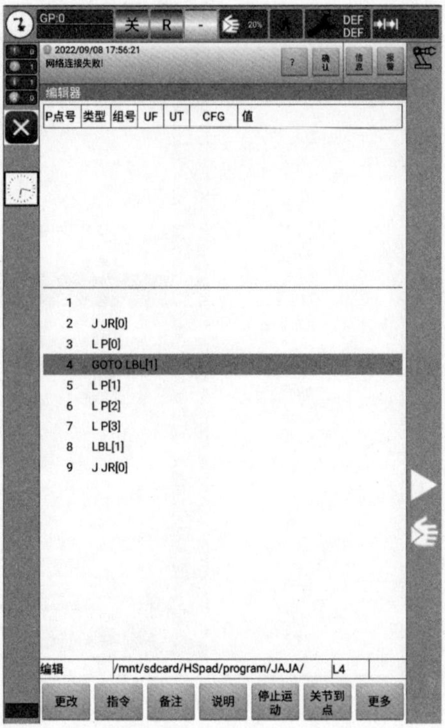

(2) 示例程序如下。

```
LBL[2]
J P[1]
J P[2]
GOTO LBL[2]
```

该程序段可以实现无限循环，如果把第一条和最后一条指令交换位置，那程序一运行就结束了，机器人无动作。

3. IF 条件指令——IF…，GOTO LBL[]指令

条件指令用于机器人程序中的运动逻辑控制，有两种：IF…，GOTO LBL[]指令、IF…，CALL 子程序。

IF…，GOTO LBL[]：当条件成立时，则执行 GOTO 部分代码块；条件不成立时，则顺序执行 IF 下行开始的程序块。

(1) 在程序中插入 IF…，GOTO LBL[]指令的操作步骤，如表 2-5-4 所示。

表 2-5-4　插入 IF…,GOTO LBL[]指令的操作步骤

操 作 步 骤	图　示
选中需要添加 IF 指令行的上一行	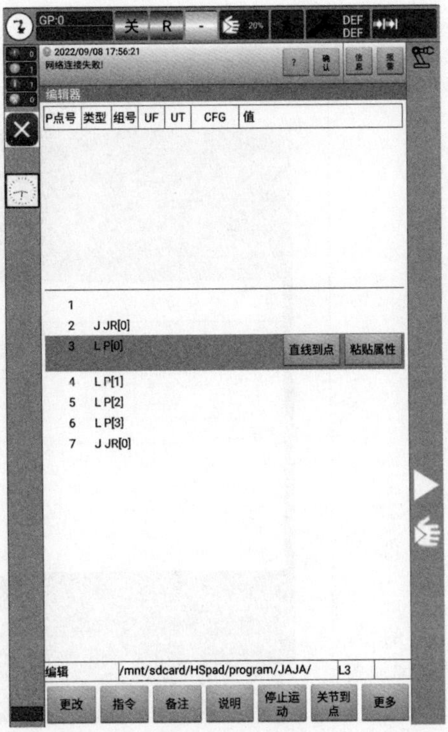
选择“指令”→“条件指令”→IF,单击“选项”按钮	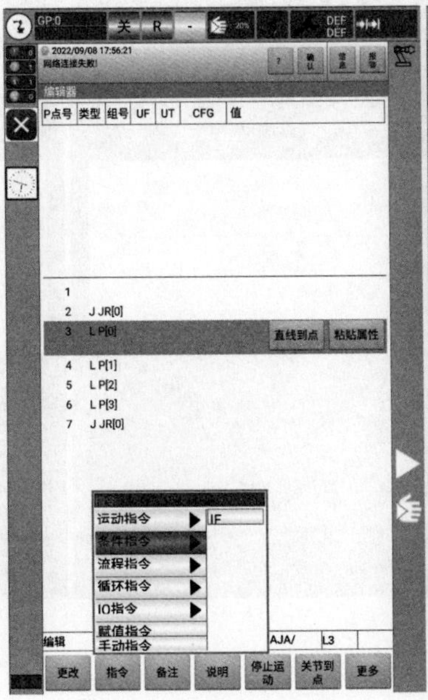 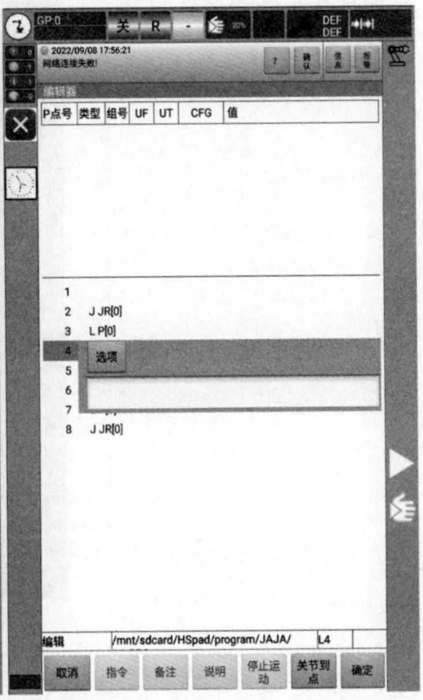

续表

操作步骤	图　示
单击修改框上方的“符号”按钮，可以快速增加条件；单击“选项”按钮，可以增加、删除、修改条件，在记录该语句时会按照添加顺序依次连接条件列表	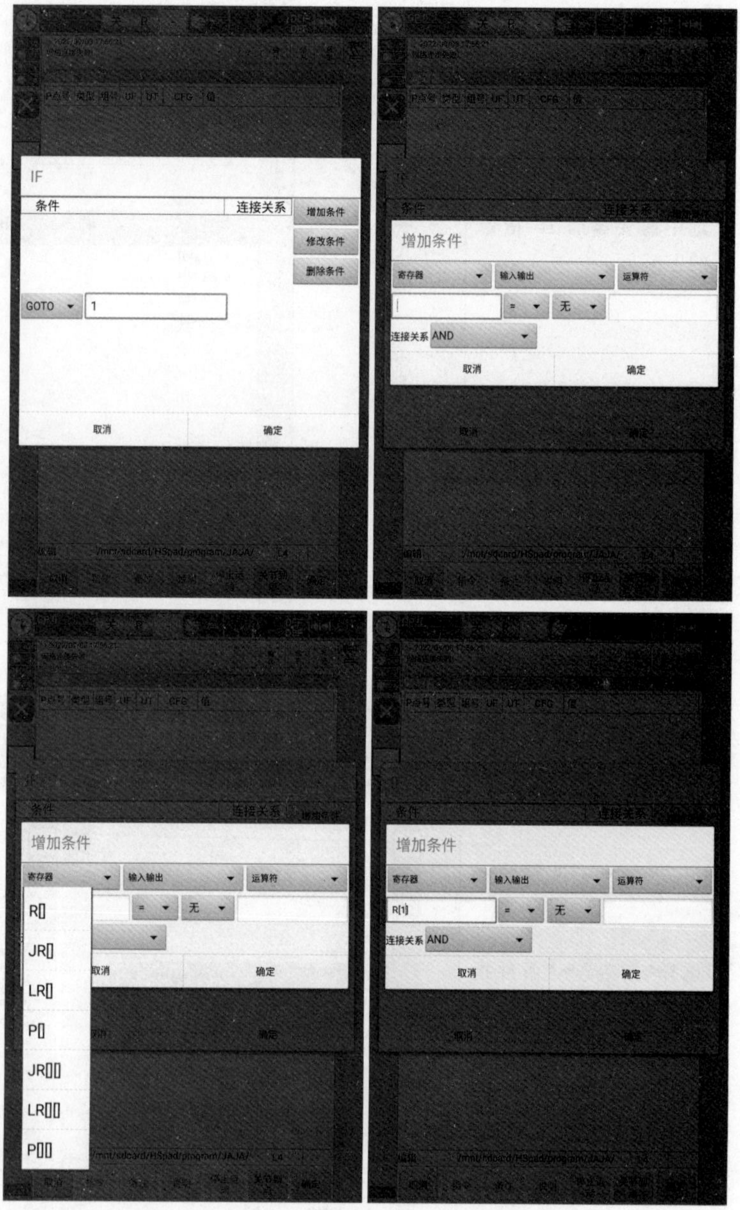

续表

<table>
<tr><th>操 作 步 骤</th><th>图　　示</th></tr>
<tr><td>单击修改框上方的“符号”按钮，可以快速增加条件；单击“选项”按钮，可以增加、删除、修改条件，在记录该语句时会按照添加顺序依次连接条件列表</td><td>
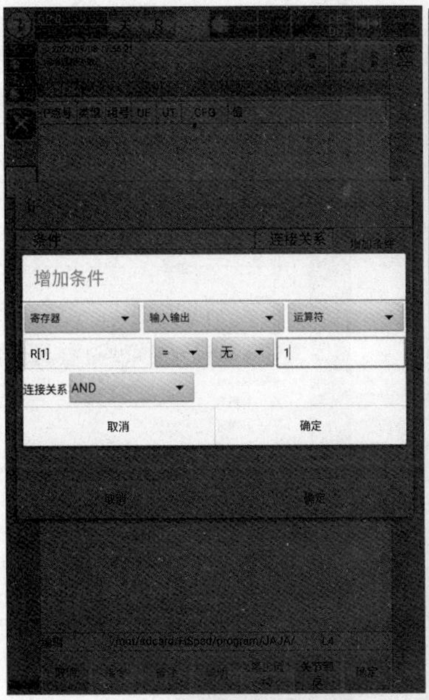

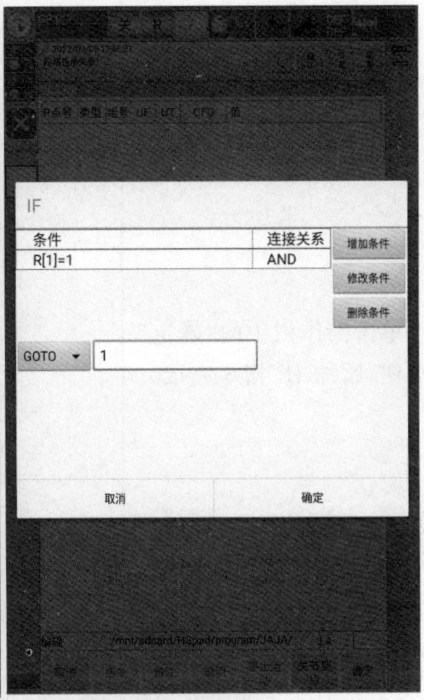

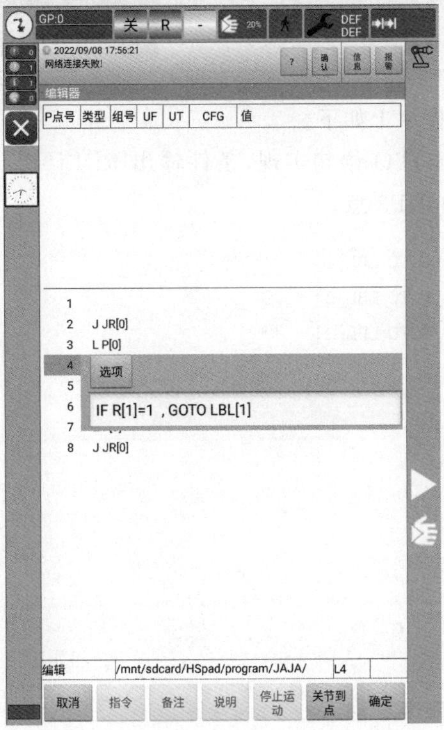

</td></tr>
</table>

续表

<table>
<tr><th>操作步骤</th><th>图　示</th></tr>
<tr><td>单击操作栏中的“确定”按钮，添加 IF 指令完成</td><td>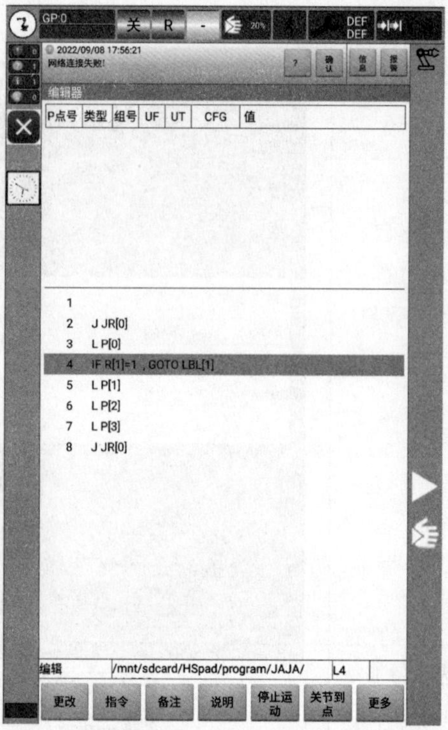
</td></tr>
</table>

(2) 示例程序 1 如下。

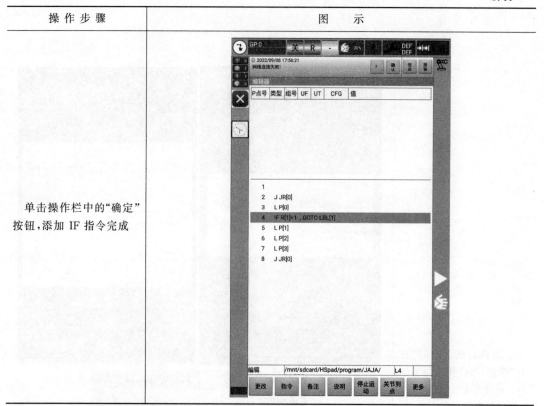

通过 IF GOTO 语句实现，条件输出 R[1]=1，运动到 P1 点；R[2]=2，运动 P2 点；R[3]=3，运动到 P3 点。

```
IF R[1] = 1,GOTO LBL[1]
IF R[1] = 2,GOTO LBL[2]
IF R[1] = 3,GOTO LBL[3]
LBL[1]
J P[1]
GOTO LBL[4]
LBL[2]
J P[2]
GOTO LBL[4]
LBL[3]
J P[3]
LBL[4]
```

(3) 示例程序 2 如下。

通过 IF GOTO 语句实现，循环程序 4 次后，退出循环。

```
R[1] = 0
LBL[1]
```

```
    IF R[1]> 3 GOTO LBL[2]
    J P[1]
    J P[2]
R[1] = R[1] + 1
GOTO LBL[1]
LBL[2]
```

4. 循环指令

在实际的工业自动化生产过程中，经常会出现需要重复执行若干次同样任务的情况。循环指令的引入为解决此类问题提供了极大方便，并且优化了程序结构。循环指令包含了 WHILE ... END WHILE 和 FOR ... END FOR 指令，可以用逻辑条件判断，执行程序块循环。

1）WHILE ... END WHILE 指令

WHILE 循环指令根据条件表达式判断循环是否结束，条件为真时，持续循环；条件为假时，退出循环体。注：WHILE 循环指令以最近的一个 END WHILE 为结尾构成一个循环体。

（1）在程序中插入 WHILE ... END WHILE 指令的操作步骤，如表 2-5-5 所示。

表 2-5-5　插入 WHILE ... END WHILE 指令的操作步骤

操 作 步 骤	图　　示
选定需要插入的指令行的上一行	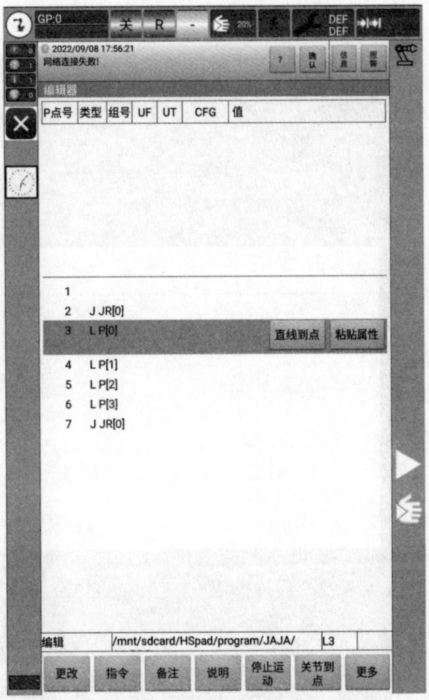

续表

操作步骤	图示
选择“指令”→“循环指令”→WHILE，单击“选项”按钮	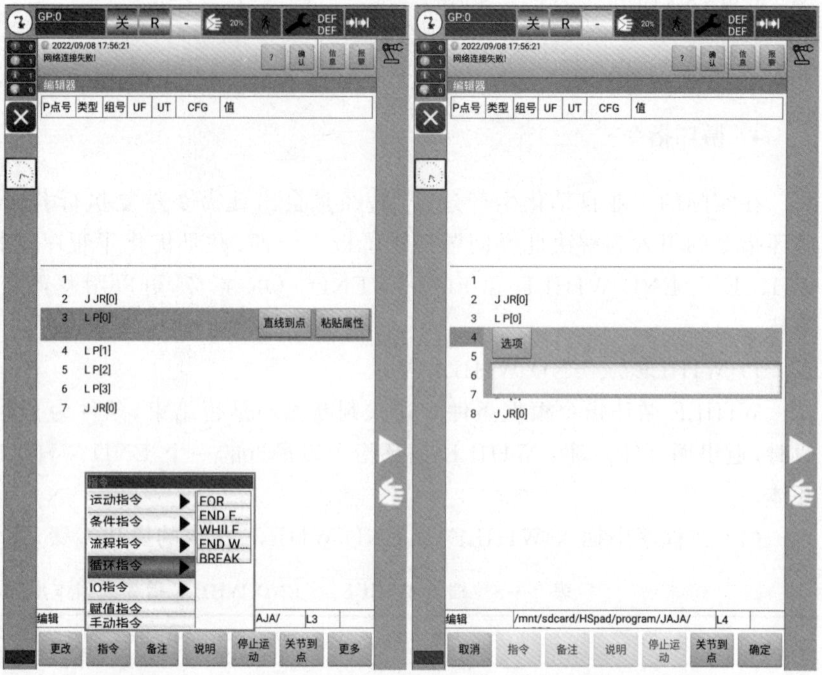
增加条件，如R[1]=0，单击“确定”按钮	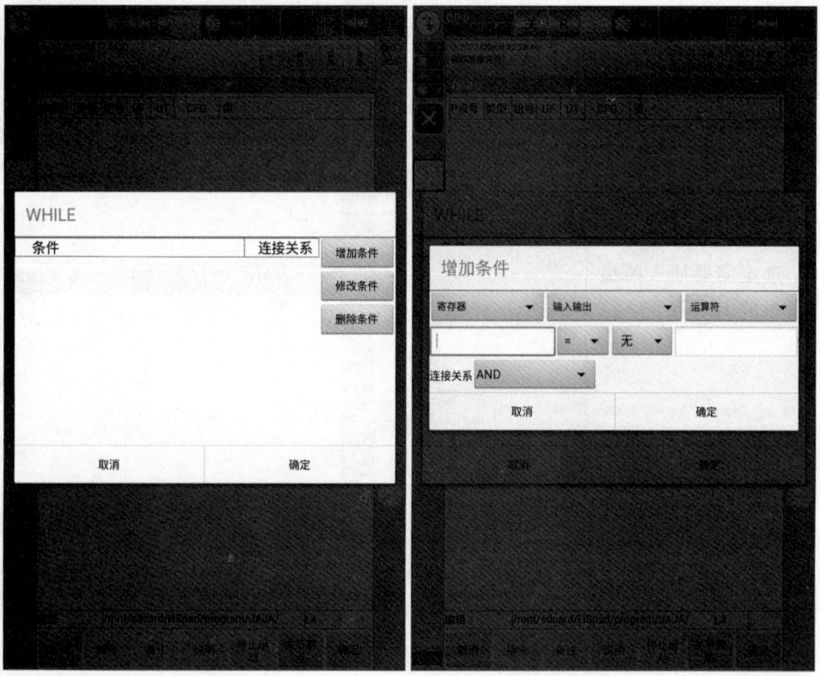

续表

<table>
<tr><th>操作步骤</th><th>图　示</th></tr>
<tr><td>增加条件→如R[1]=0，单击“确定”按钮</td><td>
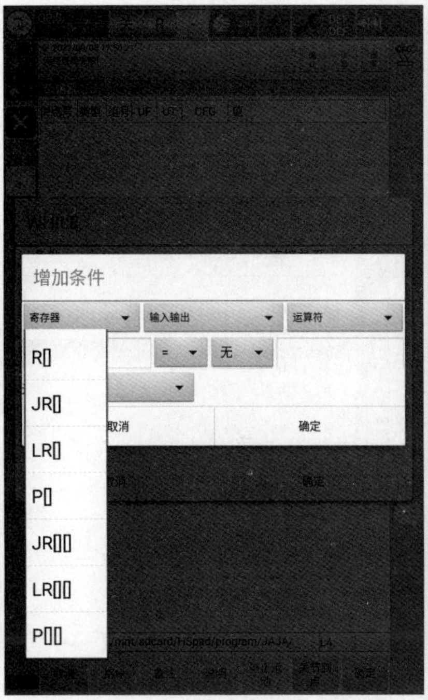

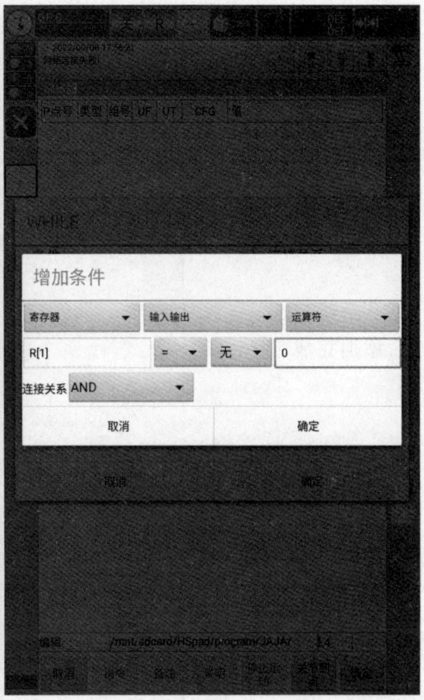

</td></tr>
<tr><td>连续单击“确定”按钮，添加 WHILE R[1]=0</td><td>
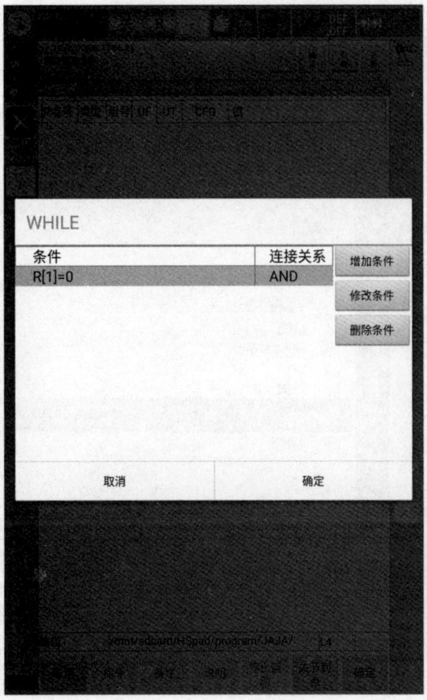

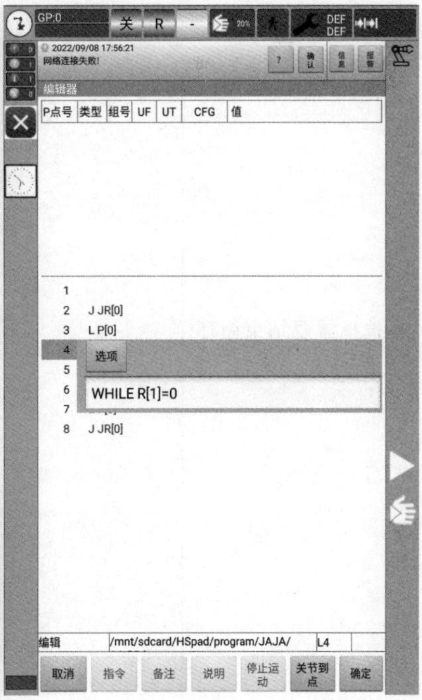

</td></tr>
</table>

续表

<table>
<tr><th>操 作 步 骤</th><th>图 示</th></tr>
<tr><td>添加完成</td><td>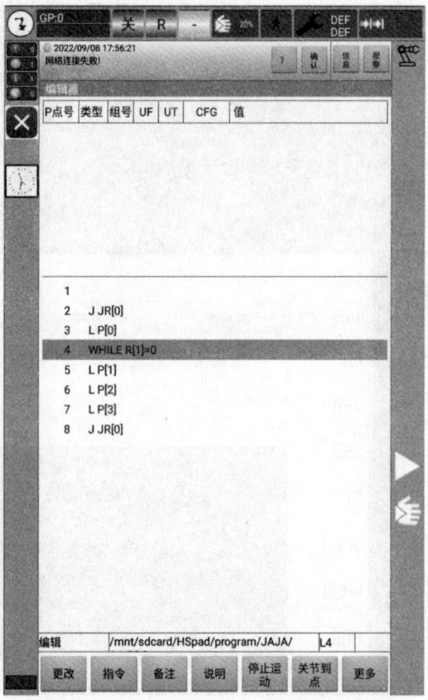
</td></tr>
<tr><td>选择需要结束循环的指令行</td><td>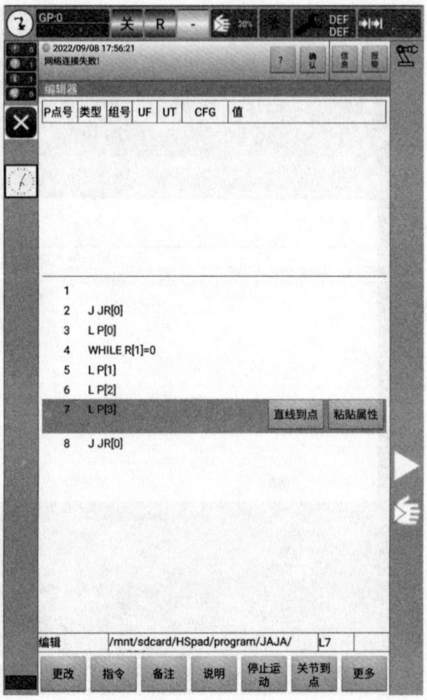
</td></tr>
</table>

续表

操作步骤	图示
选择“指令”→“循环指令”→END WHILE，单击“选项”按钮	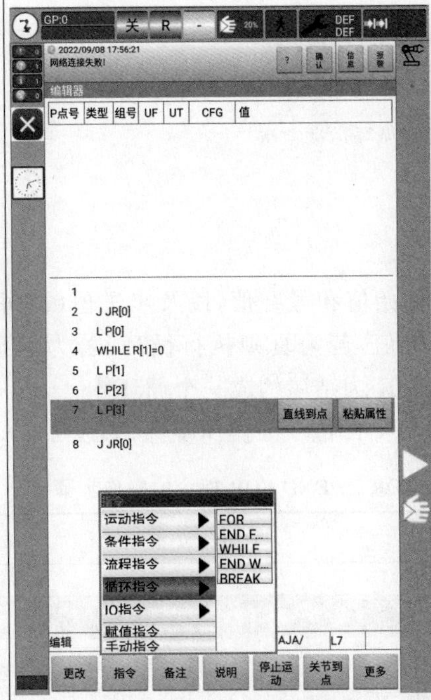 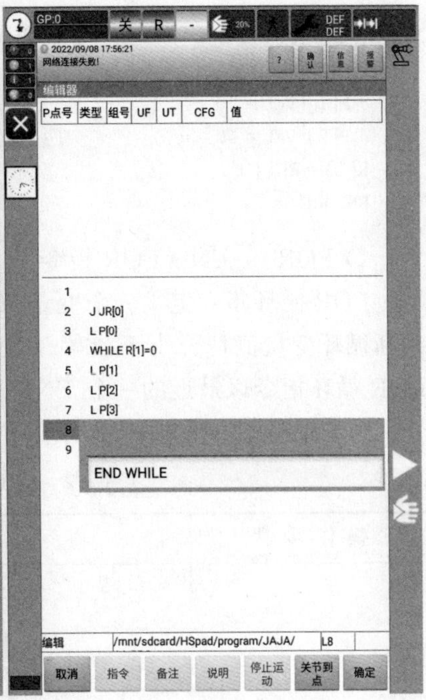
单击“确认”按钮，添加 END WHILE 指令完成	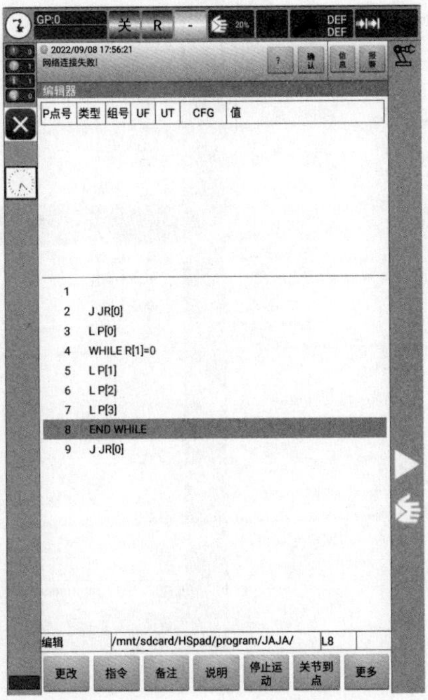

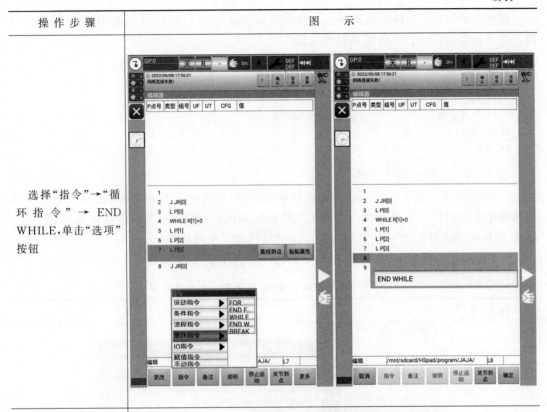

(2) 示例程序如下。

循环次数计数：条件表达式 R[1]，每次循环依次为 0，1，2，3，第四次 R[1]=3，小于 3 的条件不满足，退出循环，因此共循环 3 次。

```
R[1] = 0                    '设置 R[1]的初始值为 0
WHILE R[1]< 3
J P[1] VEL = 50
J P[2] VEL = 50             '两点之间循环运动 4 次
R[1] = R[1] + 1
END WHILE
```

2) FOR … END FOR 指令

FOR 循环指令定义一个变量的初始值和最终值，以及步进值(即每次值递增的大小)，判断循环变量值是否小于或等于最终值，若为真则执行循环，若为假则退出循环体。注：FOR 循环指令以最近的一个 END FOR 为结尾构成一个循环体。

(1) 在程序中插入 FOR … END FOR 指令的操作步骤，如表 2-5-6 所示。

表 2-5-6 插入 FOR … END FOR 指令的操作步骤

操作步骤	图示
选定需要插入的指令行的上一行	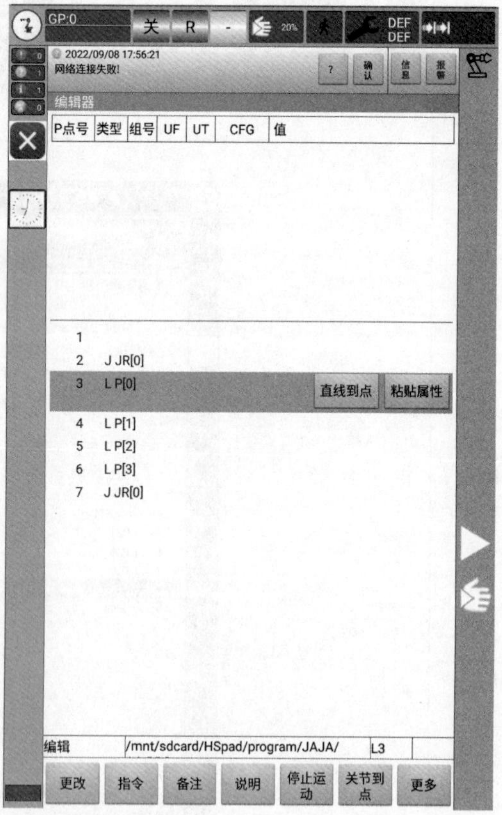

续表

操作步骤	图　示
选择"指令"→"循环指令"→FOR	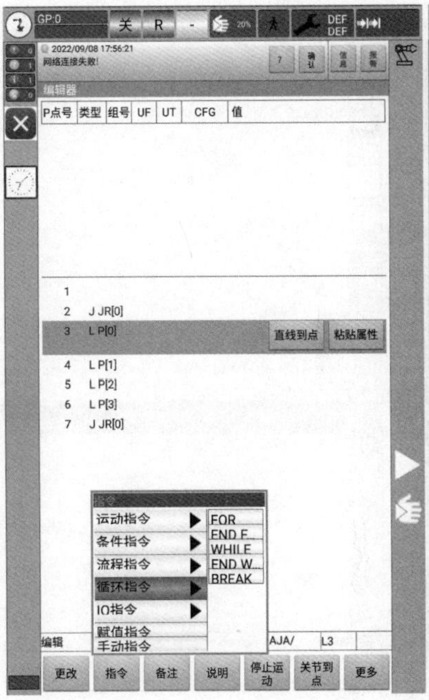 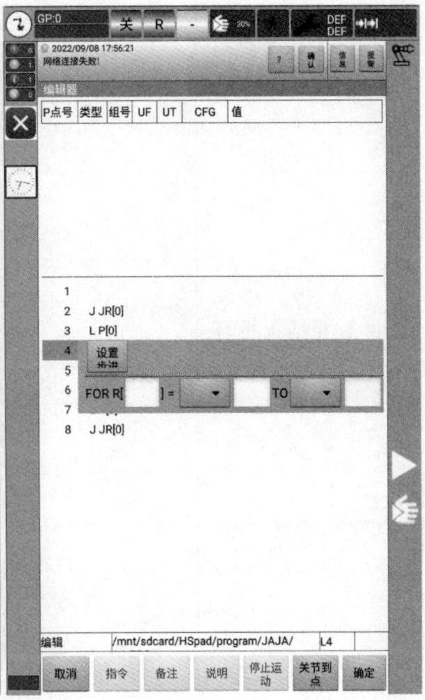
设置值如 FOR R[1] = 0 TO 3 BY 1。连续单击"确定"按钮，添加 FOR R[1] = 0 TO 3 BY 1 指令成功	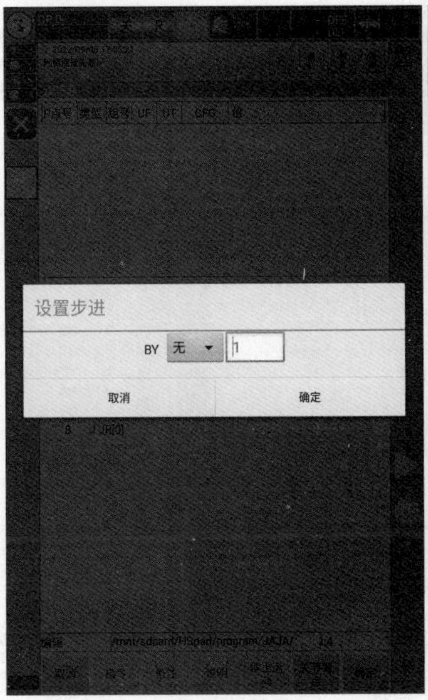 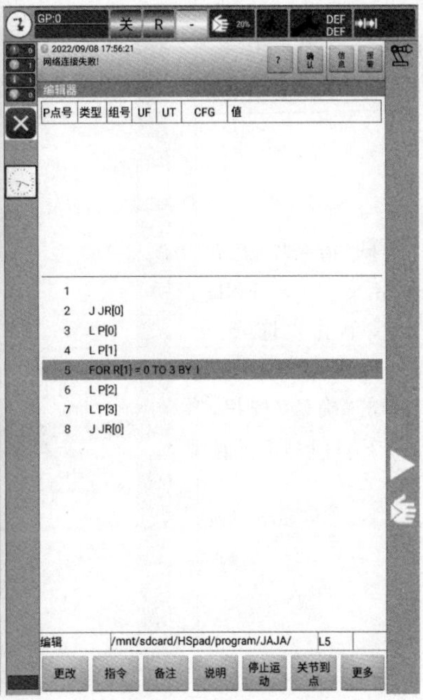

续表

操作步骤	图示
选择需要结束循环的指令行	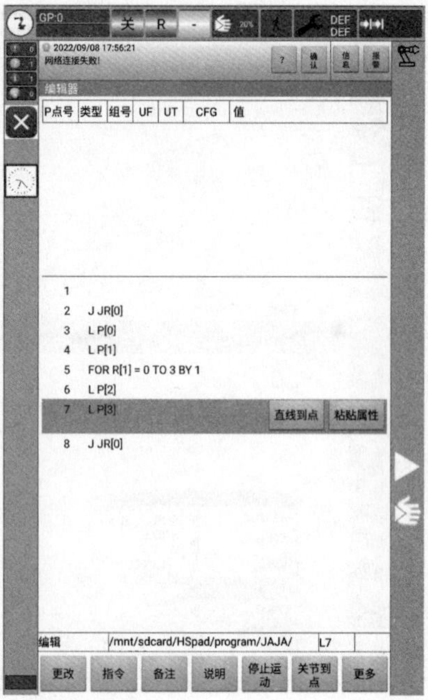
选择“指令”→“循环指令”→ END FOR，单击“选项”按钮。 单击“确认”按钮，添加 END FOR 完成	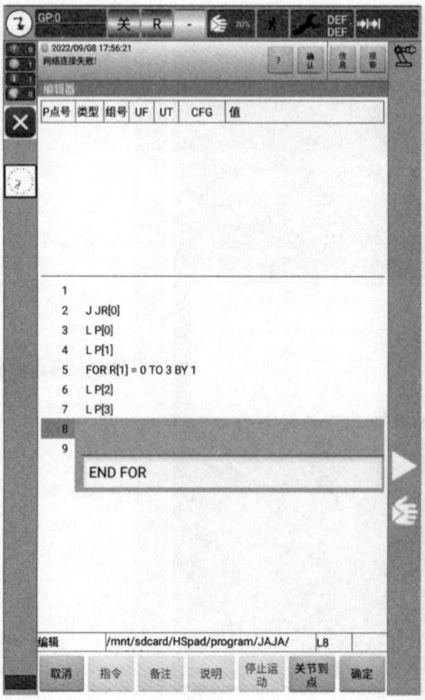 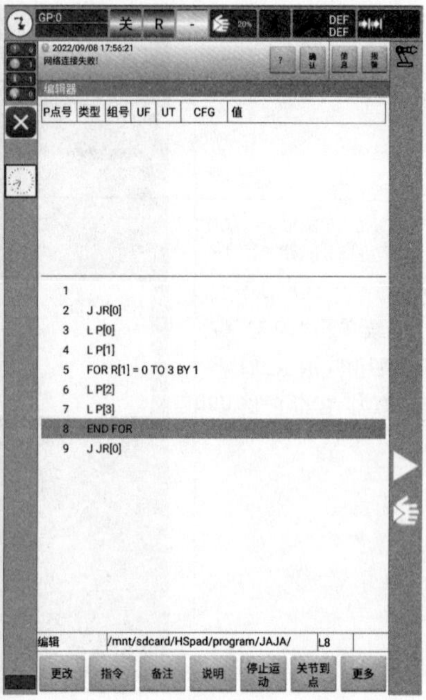

（2）示例程序如下。

```
FOR R[1] = 0 TO 3 BY 1
J P[1] VEL = 50
J P[2] VEL = 50                '两点之间循环运动
END FOR
```

5. 机器人码垛工作过程

（1）工业机器人自动吸取码垛块，堆放在码垛工作台上，摆放成如表 2-5-1 中码垛结果第一层的规则形状。

（2）工业机器人自动吸取码垛块，堆放在码垛工作台上，摆放成如表 2-5-1 中码垛结果第二层的规则形状。

（3）工业机器人自动吸取码垛块，堆放在码垛工作台上，摆放成如表 2-5-1 中码垛结果第三层的规则形状。

（4）待码垛完成后，工业机器人返回工作原点。

请进行工业机器人相关参数设置，进行工业机器人现场手动示教编程，正确完成三层码垛块的搬运码垛。

6. 第一层码垛参考程序

```
J JR[0]                '机器人原点
DO[12] = OFF           '吸盘松开
L P[0]                 '工件一抓取上方点
L P[1]                 '工件一抓取点
DO[12] = ON            '吸盘吸紧
WAIT TIME = 1000       '延时 1s
L P[0]                 '工件一抓取上方点
L P[2]                 '工件一放置上方点
L P[3]                 '工件一放置点
DO[12] = OFF           '吸盘松开
WAIT TIME = 1000       '延时 1s
L P[2]                 '工件一放置上方点
L P[4]                 '工件二抓取上方点
L P[5]                 '工件二抓取点
DO[12] = ON            '吸盘吸紧
WAIT TIME = 1000       '延时 1s
L P[4]                 '工件二抓取上方点
L P[6]                 '工件二放置上方点
L P[7]                 '工件二放置点
DO[12] = OFF           '吸盘松开
WAIT TIME = 1000       '延时 1s
L P[6]                 '工件二放置上方点
L P[8]                 '工件三抓取上方点
L P[9]                 '工件三抓取点
DO[12] = ON            '吸盘吸紧
WAIT TIME = 1000       '延时 1s
L P[8]                 '工件三抓取上方点
```

```
L P[10]                     '工件三放置上方点
L P[11]                     '工件三放置点
DO[12] = OFF                '吸盘松开
WAIT TIME = 1000            '延时 1s
L P[10]                     '工件三放置上方点
```

任务 2.6 工业机器人快换夹具编程与调试

任务 2.6
微课视频

任务 2.6
二维动画

学习目标

1. 知识目标

(1) 掌握华数机器人 CALL 指令和 IF…,CALL[]指令的应用。

(2) 掌握流程图绘制方法。

(3) 掌握工业机器人示教编程的步骤。

2. 能力目标

(1) 能够根据任务要求设计程序流程图。

(2) 能够完成工业机器人快换夹具编程与调试。

3. 情感目标

(1) 能按现场 6S 管理的要求清理现场。

(2) 培养逻辑思维能力。

任务描述

在工业现场中,机器人的工作对象不同,比如电机装配任务中,需要顺序搬运电机外壳、转子、端盖并进行装配,在装配过程中需要按序更换直口夹具、吸盘夹具、直口夹具,也就是要不断地进行夹具快换。本任务需要轮流取放直口、标定、吸盘、弧口夹具。具体要求如下。

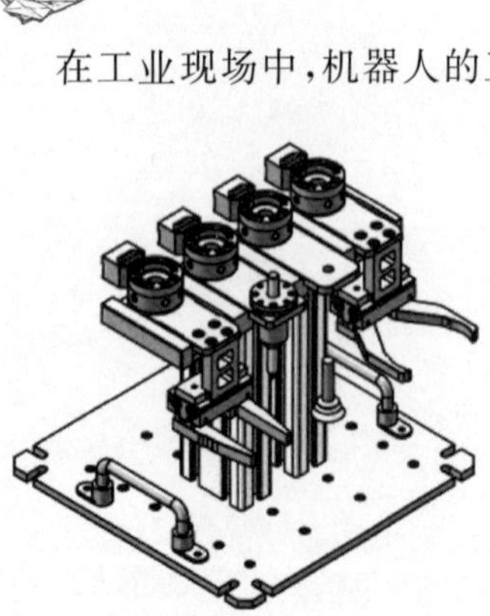

图 2-6-1 快换夹具装置

(1) 编写四个夹具的自动取放程序。

(2) 四个夹具的取和放程序分开编写为独立程序。

(3) 能够通过主程序调用不同夹具的取放程序来实现自动更换夹具操作。

(4) 使用运动指令、IO 指令、延时指令、调用子程序指令完成任务。快换夹具装置如图 2-6-1 所示。

学习工作流程

学习活动 1：绘制快换夹具程序流程图。
学习活动 2：工业机器人快换夹具编程与调试。

相关知识

1. 快换夹具数字量输出信号

快换夹具数字量输出信号如表 2-6-1 所示。

表 2-6-1 快换夹具数字量输出信号

机器人 IO	功 能
DO[8]	快换松
DO[9]	快换紧

2. CALL 调用指令

CALL 指令用于子程序的调用，执行子程序的程序内容。
(1) 在程序中插入 CALL 指令的操作步骤，如表 2-6-2 所示。

表 2-6-2 程序中插入 WAIT 指令的操作步骤

操 作 步 骤	图 示
选择想要调用子程序指令的上一行。 选择“指令”→“流程指令”→CALL	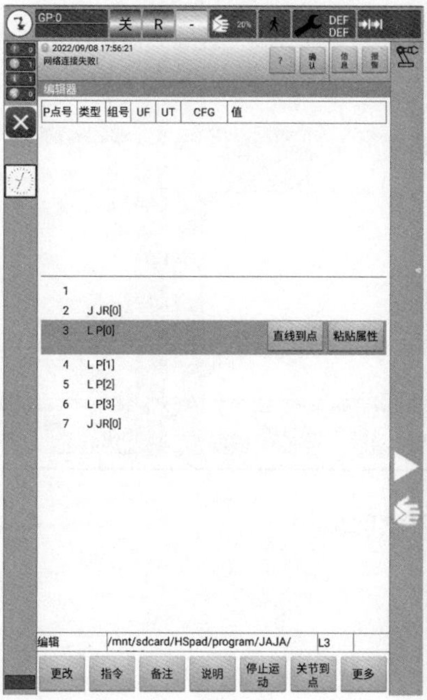 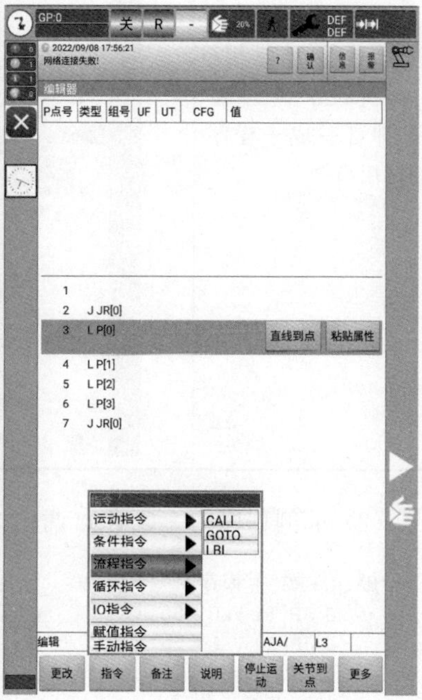

续表

操作步骤	图示
单击“选择子程序”。 选中想要调用的子程序	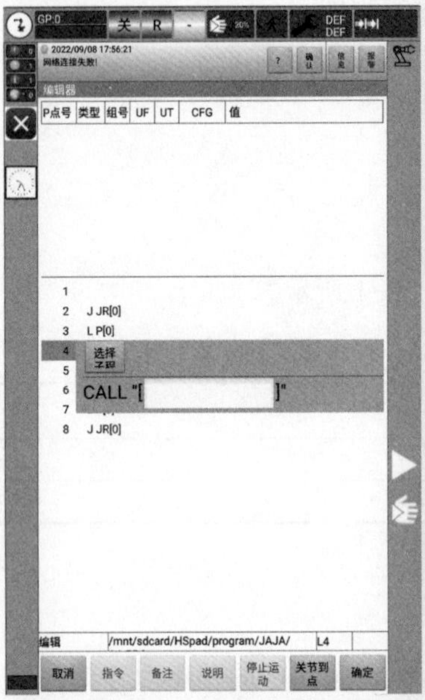 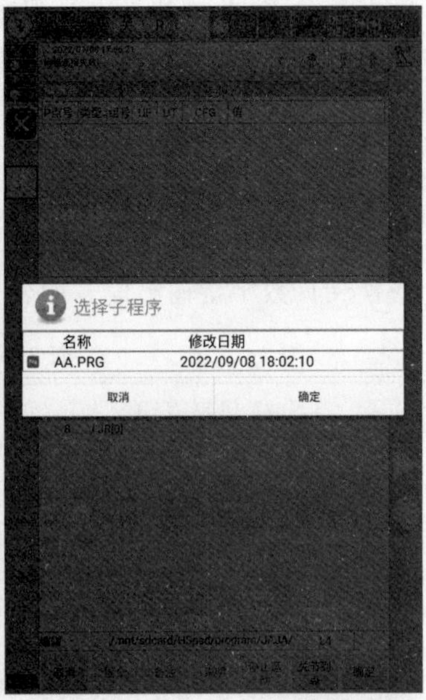
两次单击“确定”按钮，即可完成子程序的调用指令	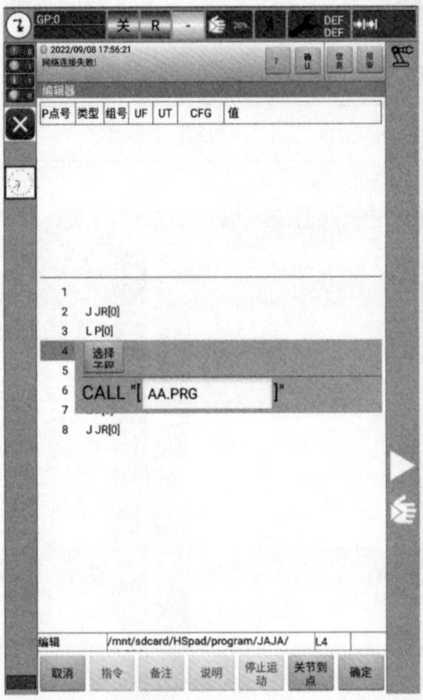 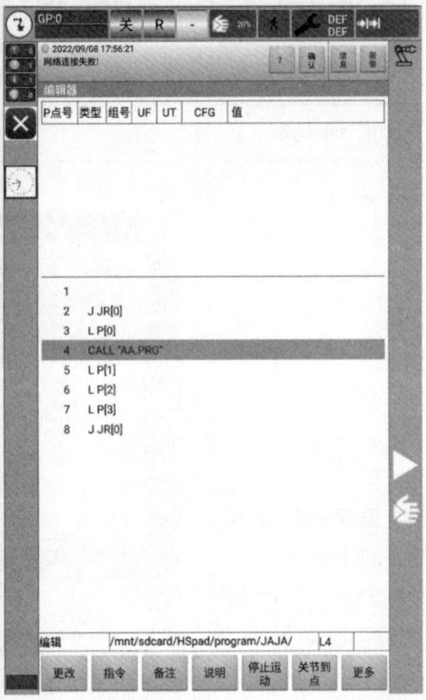

(2) 示例程序——CALL 调用指令的应用。

```
'MAIN.PRG(主程序)
    J JR[1] VEL = 50
    J JR[2] VEL = 50
    CALL KH.PRG 调用子程序'KH'
    'KH.PRG(子程序)
    DO[1] = ON
    WAIT TIME 500
    DO[1] = OFF
```

3. IF…,CALL[ ]指令

当条件成立时，调用 CALL 部分的子程序；条件不成立时，则顺序执行下面的程序块，也就是忽略调用的子程序。

（1）在程序中插入 IF…,CALL[ ]指令的操作步骤，如表 2-6-3 所示。

表 2-6-3　IF…,CALL[ ]指令

操作步骤	图示
选择满足判断条件调用子程序指令的上一行	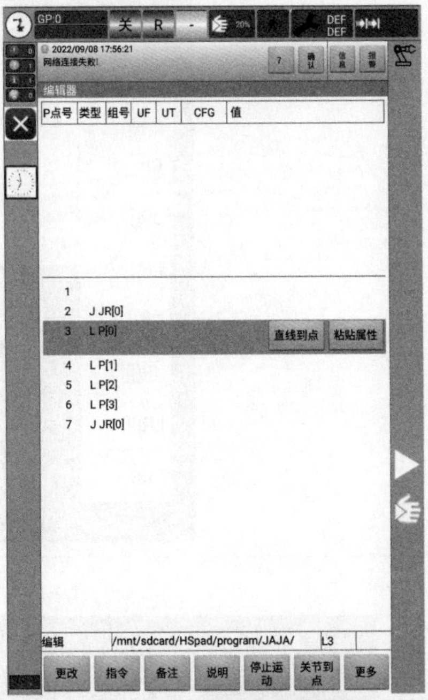
选择“指令”→“条件指令”→IF，然后单击“选项”按钮	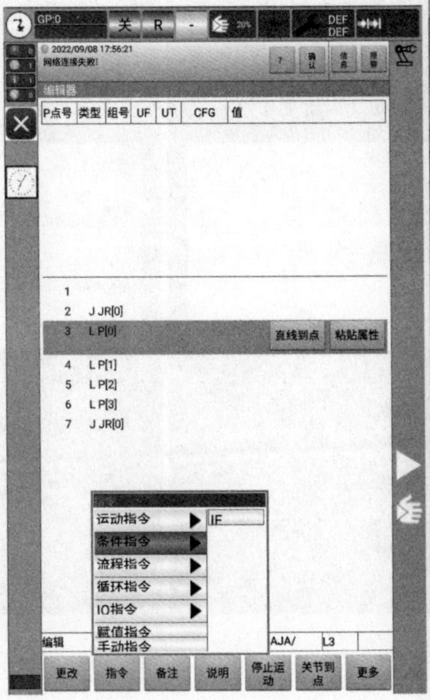 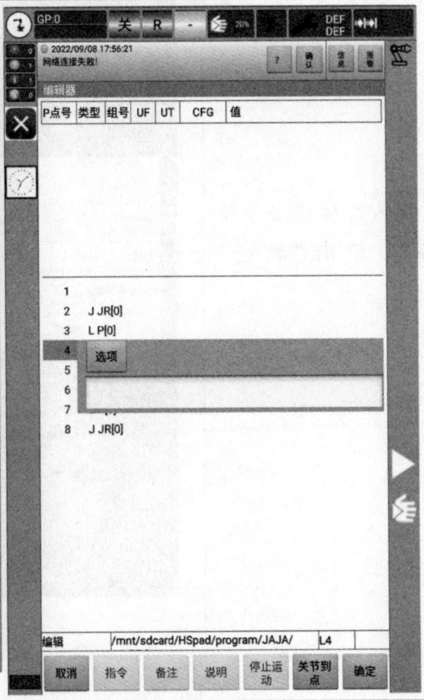

续表

<table>
<tr><th>操 作 步 骤</th><th>图　　示</th></tr>
<tr><td>单击“寄存器”下拉选项，选择 R[]</td><td>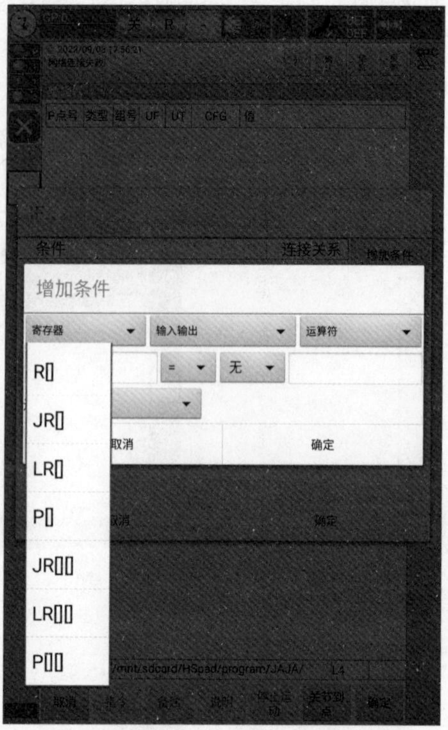
</td></tr>
<tr><td>输入寄存器编号及条件，单击“确定”按钮</td><td>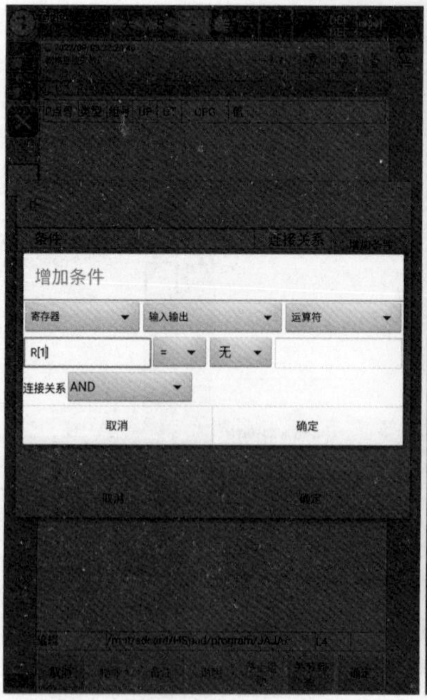

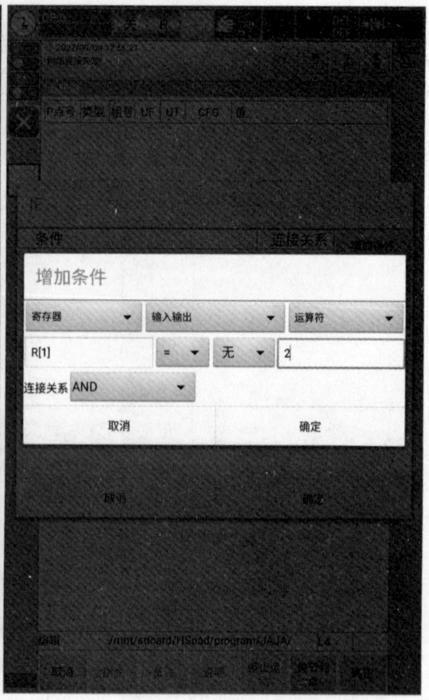
</td></tr>
</table>

续表

操 作 步 骤	图　　示
单击 GOTO，更改为 CALL	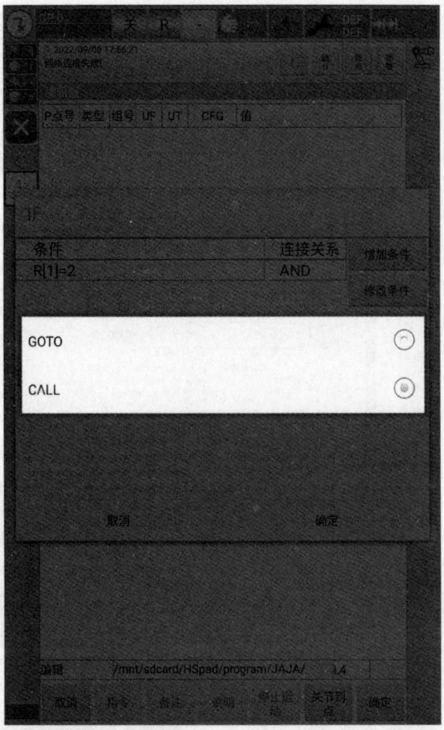
单击程序，选中要调用的子程序	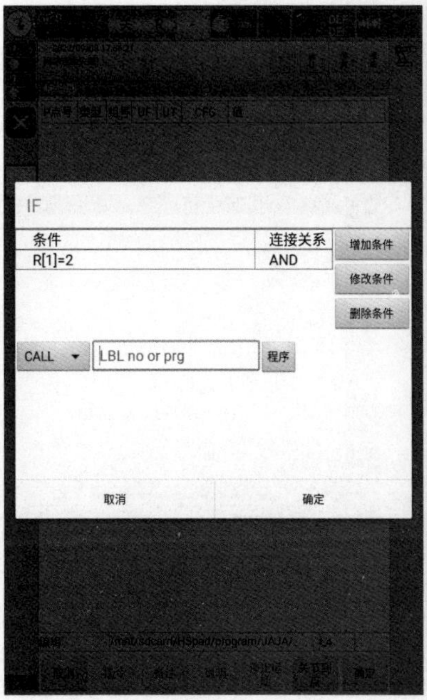 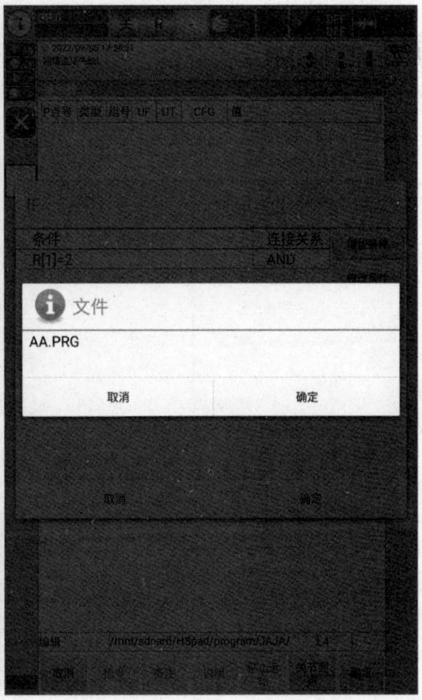

续表

<table>
<tr><th>操作步骤</th><th>图示</th></tr>
<tr><td>连续单击“确定”按钮，即可完成条件判断调用子程序指令</td><td>
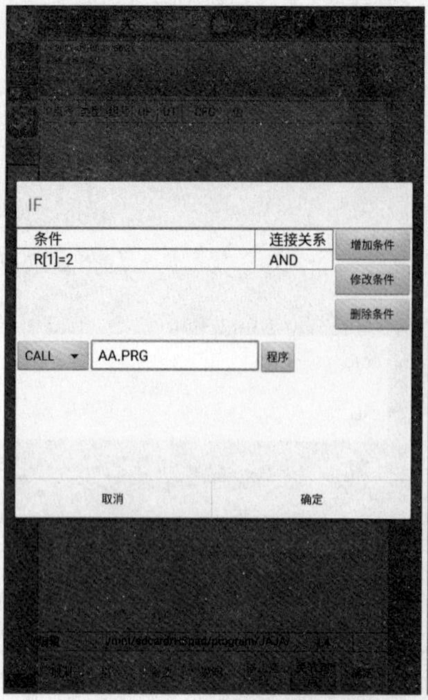

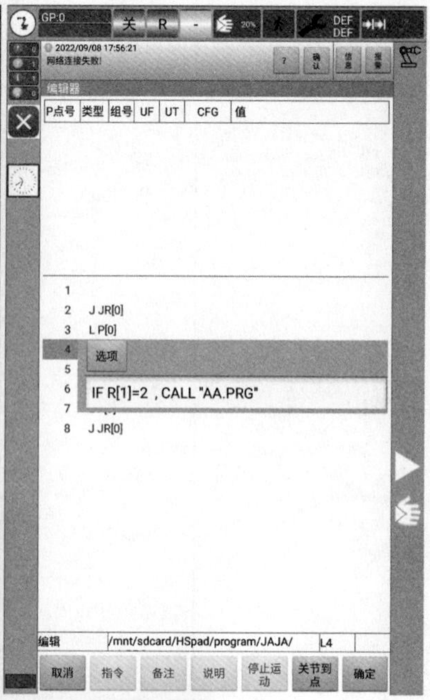

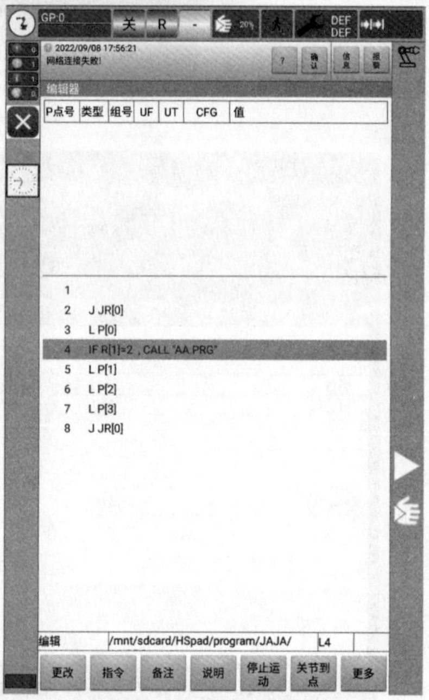

</td></tr>
</table>

（2）示例程序如下。

```
LBL[1]                      '标签 1
IF R[1] = 1, GOTO LBL[2]    '如果 R[1]等于 1 则跳转到标签 2
J P[1] VEL = 50             '关节运动到 P[1]点,速度为 50
GOTO LBL[3]                 '跳转到标签 3
```

```
LBL[2]                        '标签 2
IF R[1] = 2,CALL"TEST.PRG"    '如果 R[1]等于 2 则调用 TEST 子程序
J P[2] VEL = 50               '关节运动到 P[2]点、速度为 50
LBL[3]                        '标签 3
GOTO LBL[1]                   '跳转到标签 1
TEST.PRG                      '子程序'TEST'
J P[4]                        '关节运动到 P[4]点
J P[5]                        '关节运动到 P[5]点
```

4. 快换一个夹具参考程序

```
MAIN.PRG                      '主程序
CALL KH.PRG                   '调用 KH 子程序
ENDMAIN                       '主程序结束
KH.PRG                        '子程序开始
DO[9] - OFF
DO[8] = ON
J JR[0]
J P[1]
J P[2]
L P[3]
DO[8] = OFF
DO[9] = ON
WAIT TIME = 1000
J P[2]
J P[1]
J JR[0]
ENDKH                         '子程序结束
```

5. 程序流程图

程序流程图是用一系列的图形、流程线和文字说明算法中的基本操作和控制流程。

1）流程图基本元素

流程图基本元素如表 2-6-4 所示。

表 2-6-4　流程图基本元素表

图形符号	名　称	功　能
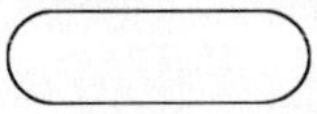	终端框（起止框）	表示一个算法的起始和结束
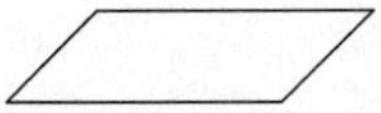	输入、输出框	表示一个算法输入和输出的信息
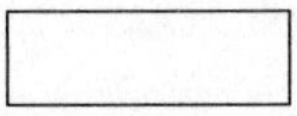	处理框（执行框）	赋值、计算
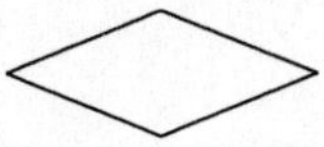	判断框	判断某一条件是否成立，成立时在出口处标明“是”或 Y；不成立时标明“否”或 N

续表

图形符号	名　称	功　能
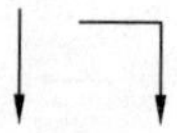	流程线	连接程序框，表示算法步骤的执行顺序

2）流程图的应用

假设 K 为整数，给定 K 值，求 1 到 K 的和，其流程图如图 2-6-2 所示。

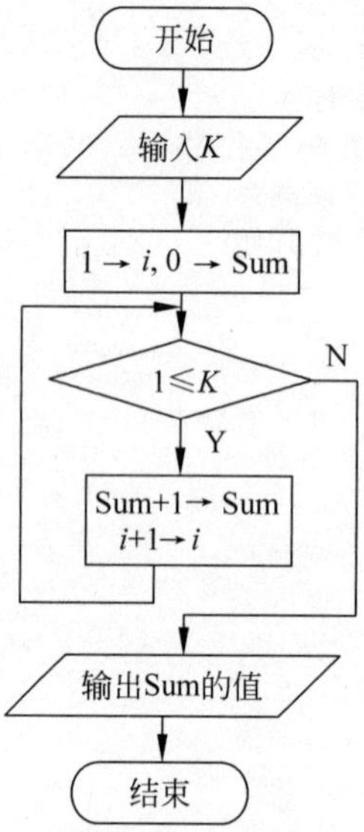

图 2-6-2　流程图

任务 2.7　工业机器人电机装配编程与调试

任务 2.7 微课视频

任务 2.7 二维动画

学习目标

1. 知识目标

（1）掌握华数机器人变位机的使用方法。

（2）掌握华数机器人指令的综合应用。

（3）掌握工业机器人示教编程的步骤。

2. 能力目标

（1）能够完成工业机器人电机装配编程与调试。

（2）能够根据任务要求设计程序流程图。

3. 情感目标

(1) 能按现场 6S 管理的要求清理现场。
(2) 培养学生对工业机器人的综合应用能力。

任务描述

本任务需要完成 1 个电机外壳、1 个电机转子和 1 个电机端盖的装配和入库过程。系统开始工作之前，需要手动将 1 个电机转子和 1 个电机端盖放置到旋转供料模块上。

在机器人工作站上，自动安装直口夹爪，通过机器人的直口夹爪将带电机外壳装配在变位机模块上固定，再自动抓取一个电机转子装配到电机外壳内，自动放回直口夹爪工具，自动安装吸盘工具，将电机端盖安装到电机转子上，自动换回直口夹爪将电机入库到立体库模块，如图 2-7-1 所示。

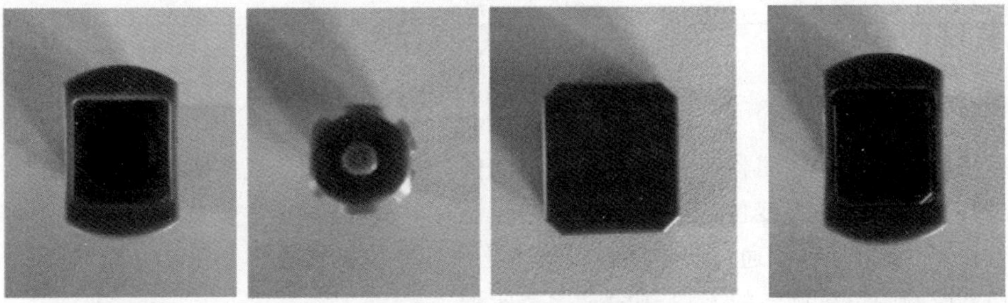

(a) 电机外壳　(b) 电机转子　(c) 电机端盖　(d) 电机成品

图 2-7-1　电机零件及成品

学习工作流程

学习活动 1：电机装配模块变位机的控制。
学习活动 2：工业机器人电机装配编程与调试。

相关知识

1. 数字量输出信号

电机装配所需机器人数字量输出信号，如表 2-7-1 所示。

表 2-7-1　数字量输出信号表

机器人 IO	功　能
DO[8]	快换松
DO[9]	快换紧
DO[10]	夹具松
DO[11]	夹具紧
DO[12]	吸盘

2. 机器人常用指令

机器人常用指令如表 2-7-2 所示。

表 2-7-2 常用指令表

指令类型	指令
运动指令	J、L、C
IO 指令	DO、WAIT、WAIT TIME
赋值指令	UFRAME_NUM、UTOOL_NUM、CNT、J_VEL、J_ACC、J_DEC、L_VEL、L_ACC、L_DEC、L_VROT、C_VEL、C_ACC、C_DEC、C_VROT、R、JR、LR、P
条件指令	IF
流程指令	CALL、GOTO、LBL
循环指令	WHILE、FOR、BREAK
手动指令	手动输入指令

3. 变位机的控制

变位机模块采用了机器人外部轴控制，其电机驱动接收机器人控制器命令，通过示教器对其进行编程和操作。变位机采用绝对式编码器，模块侧面板有零位刻线，可通过示教器校准变位机零位，运动范围通过机械限位设置为±90°，变位机减速比为 1∶50。

（1）控制变位机旋转的方法，如表 2-7-3 所示。

表 2-7-3 控制变位机旋转的操作步骤

操作步骤	图示
打开示教器，单击右上角处图标	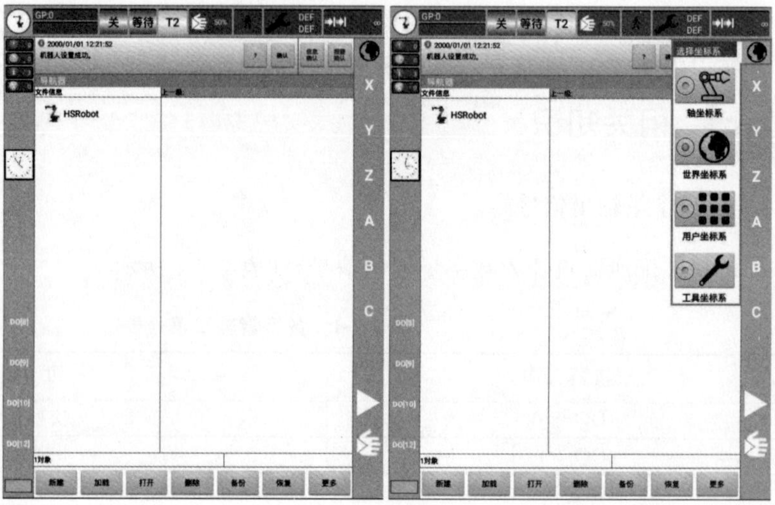

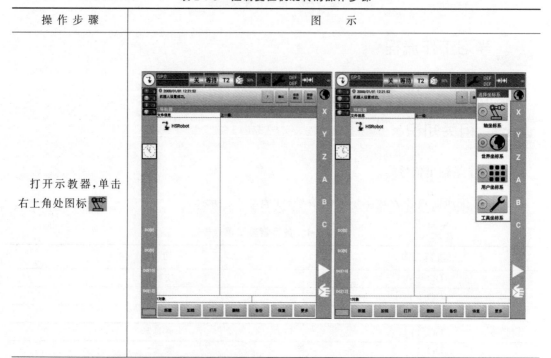

续表

操作步骤	图　示
选中“轴坐标系”，单击空白处，可确定选择。 世界坐标系、用户坐标系、工具坐标系下，调用附加轴步骤相同	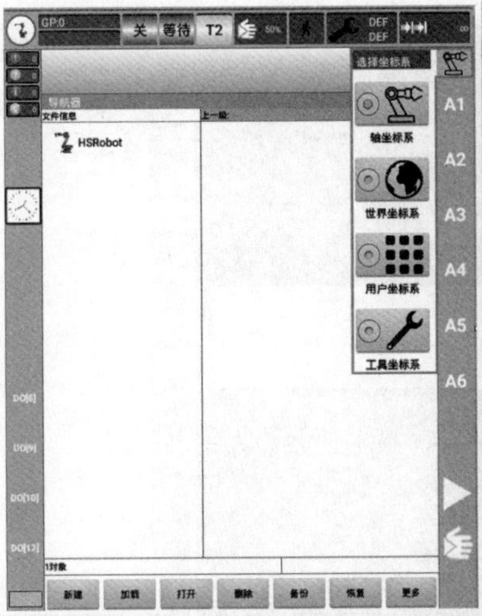 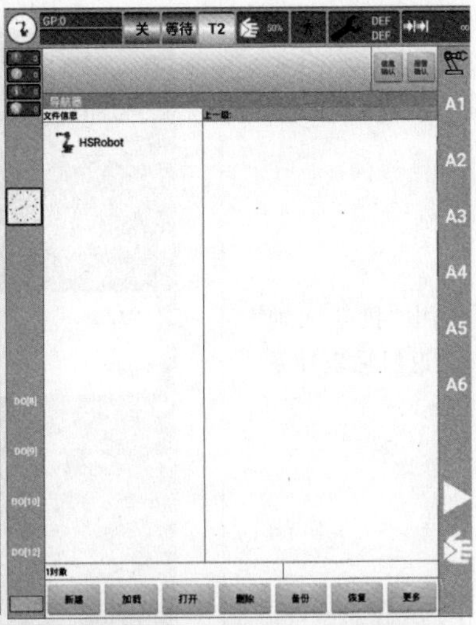
长按 A1 处，直到弹出“机器人轴”，单击“机器人轴”按钮。选中“附加轴”	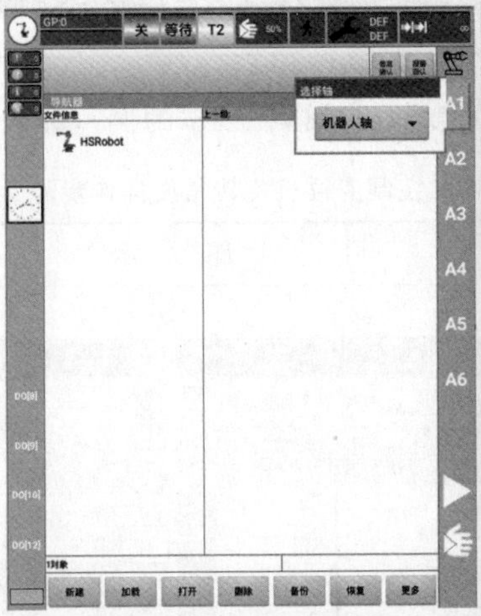 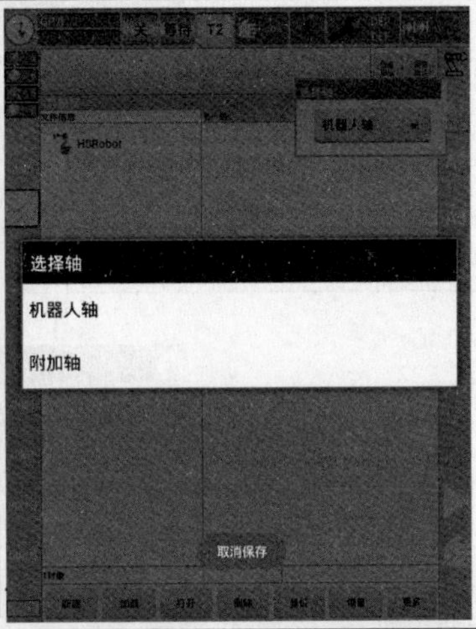
进入附加轴控制界面，E1 控制变位机的旋转，E2 控制机器人沿导轨移动（A 型机器人没有导轨，B 型机器人有导轨）。 返回轴坐标系，长按 E1，直到弹出“附加轴”并单击它	 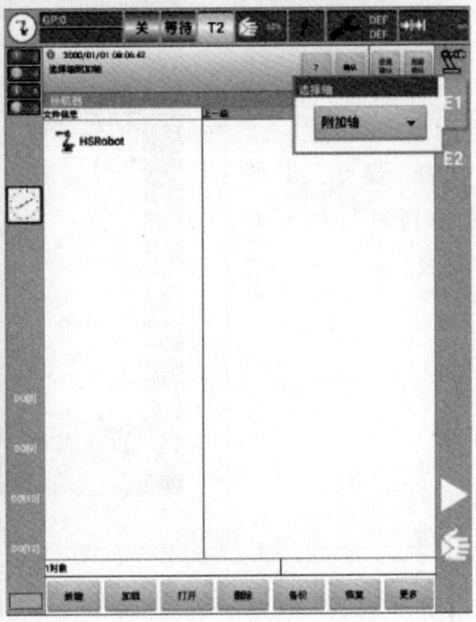

续表

操作步骤	图示
选中“机器人轴”，即可返回轴坐标系	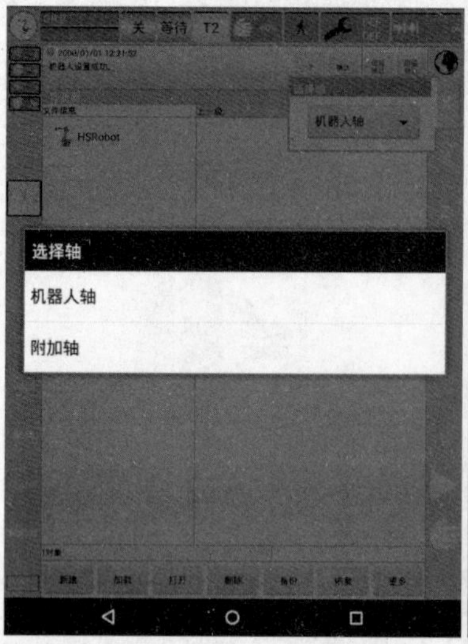 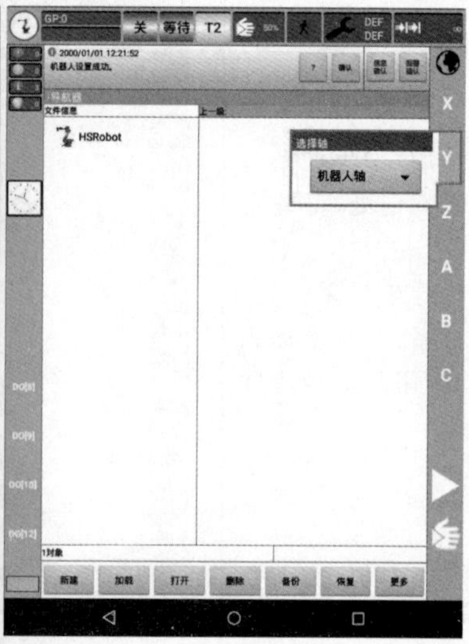

(2) 精准控制变位机旋转一定的度数(以旋转+15°为例)，如表 2-7-4 所示。

表 2-7-4 精准控制变位机旋转角度操作步骤

操作步骤	图示
打开示教器，单击左上角中间有一个机器人的圆形图标 或示教器右下角的按钮，打开主菜单。 选择“显示”中的“变量列表”，打开变量列表	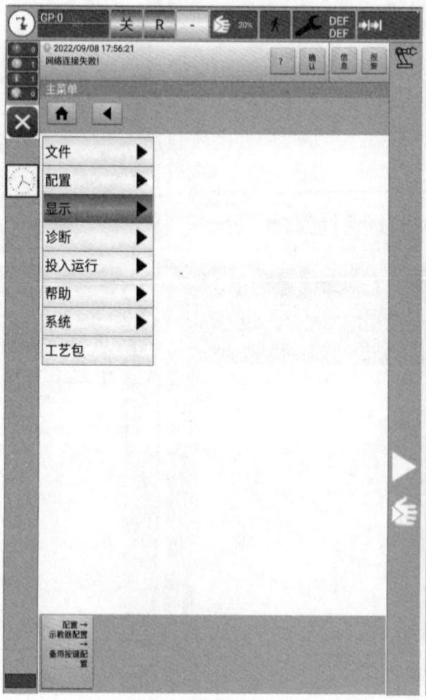 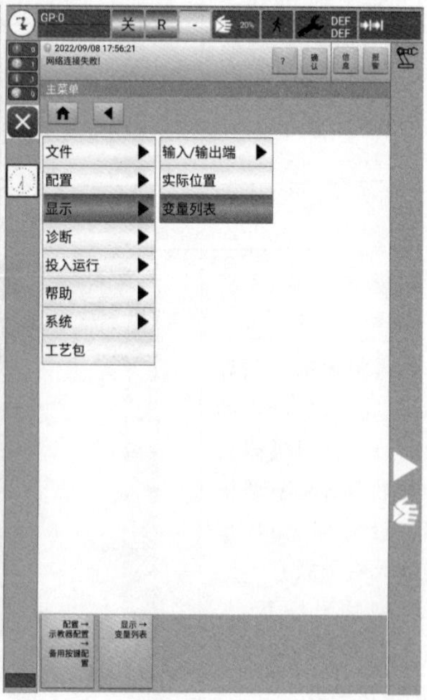

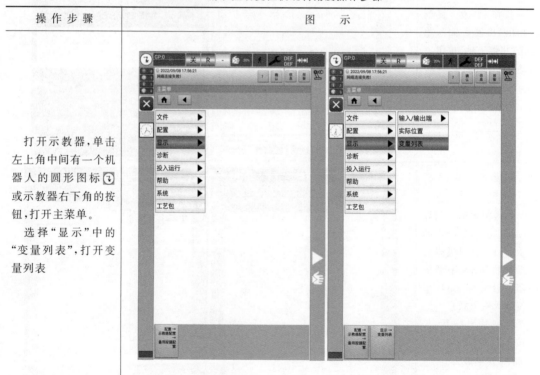

续表

<table>
<tr><th>操作步骤</th><th>图　示</th></tr>
<tr><td>选中 JR，再选中序号 1 即 JR[1]点（序号 0 的 JR[0]点是原点位置，禁止更改）</td><td>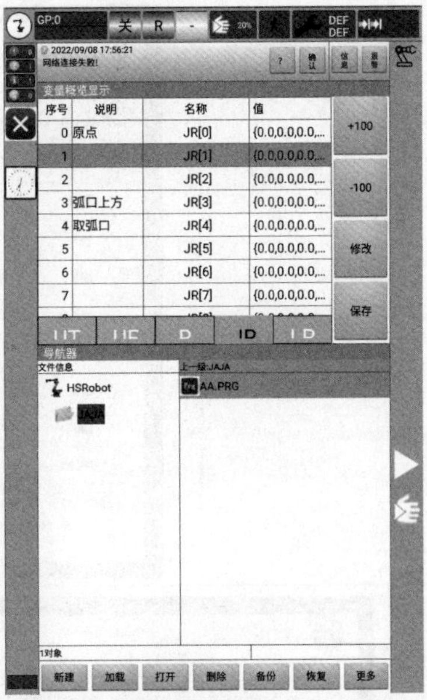
</td></tr>
<tr><td>单击“修改”按钮，再单击“获取坐标”按钮，获取机器人当前关节坐标信息</td><td>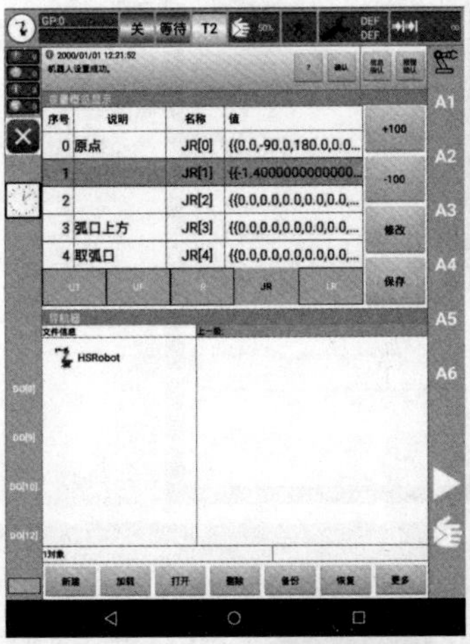

</td></tr>
</table>

续表

<table>
<tr><th>操 作 步 骤</th><th>图　示</th></tr>
<tr><td>将虚拟键盘隐藏，选中“附加轴 1”</td><td>
</td></tr>
<tr><td>将附加轴 1 数值更改为 15，单击“确定”按钮，再依次单击“保存”“确定”按钮</td><td>

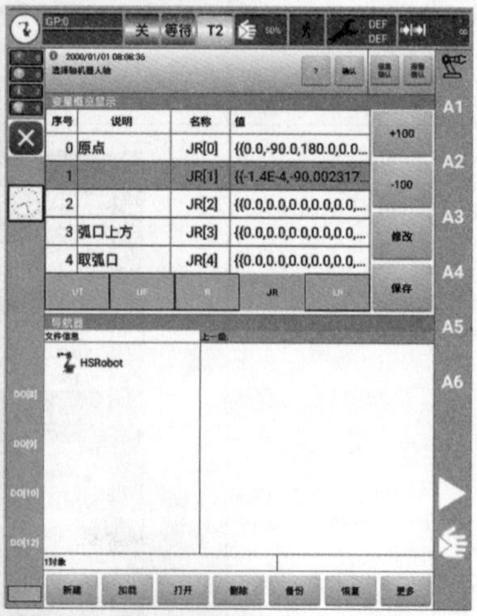

</td></tr>
</table>

续表

操作步骤	图　　示
再次单击“修改”按钮，打开使能开关，单击“关节到点”按钮，变位机即会旋转到+15°位置	

4. 电机装配工作过程

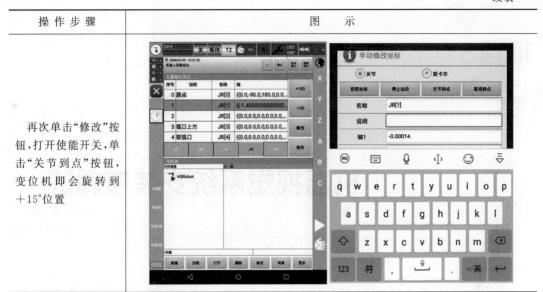

(1) 抓取直口手爪工具：在自动模式下，加载工业机器人程序，按下启动按钮，工业机器人从工作原点自动抓取直口手爪工具，抓取完成后工业机器人返回工作原点。

(2) 电机外壳固定：工业机器人自动抓取一个电机外壳，并放置在变位机模块上的装配模块上固定。

(3) 电机转子装配：工业机器人自动抓取一个电机转子，并装配到电机外壳中。

(4) 更换工具：在完成转子装配后，工业机器人将直口手爪工具放回快换装置，然后抓取吸盘工具。

(5) 电机端盖装配：工业机器人自动抓取一个电机端盖，并装配到电机转子上。

(6) 更换工具：在完成端盖装配后，工业机器人将吸盘工具放回快换装置，然后抓取直口手爪工具。

(7) 电机成品入库：工业机器人自动抓取电机成品(电机外壳、转子和端盖的颜色必须相同，颜色为白色)，并将电机成品搬运到立体库 202 位置上。

项目3

机器视觉系统安装与调试

项目描述：在自动化生产过程中，人们将机器视觉系统广泛地应用于工况监视、成品检验和质量控制等领域。在本项目中，利用机器视觉代替人工视觉，可实现对产品的定位、引导、尺寸测量、颜色分辨、缺陷检测等，同时在工业生产中，用人工视觉检查产品质量效率低且精度不高，用机器视觉检测方法可以大大提高检测的效率，从而使自动化程度进一步提升。

思维导图

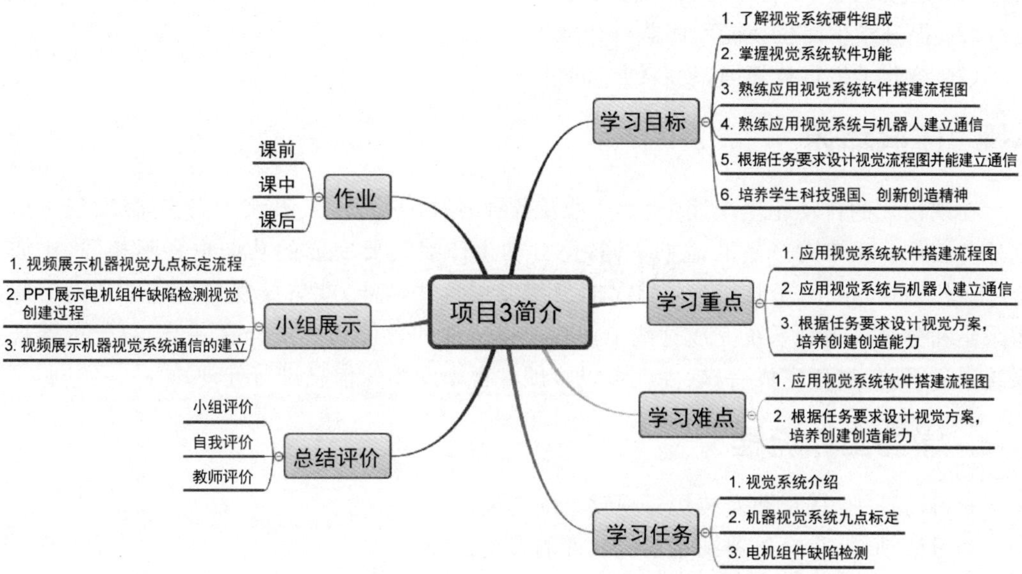

细语润心田

随着智能产业的不断发展，机器视觉技术凭借高精准度、高效率以及实时性等优势在众多领域得到了广泛应用。通过学习机器视觉系统的理论知识和实际生产线上的工作任务，培养学生严谨认真、精益求精、追求完美的工匠精神。

任务 3.1　视觉系统介绍

任务 3.1 微课视频　　任务 3.1 三维动画

学习目标

1. 知识目标

(1) 了解视觉系统硬件组成。
(2) 掌握视觉系统软件的主界面的功能。
(3) 掌握视觉系统软件的工具介绍。

2. 能力目标

(1) 认识并熟练搭建视觉硬件。
(2) 熟练安装视觉软件。
(3) 认识视觉系统软件操作界面名称。

3. 情感目标

(1) 能按现场 6S 管理的要求清理现场。

(2) 提升学生岗位技能和团队合作意识。

(3) 培养学生科技强国、创新创造的精神。

任务描述

在现代化的自动化生产线中,生产涉及各种各样的检验,人眼无法完成连续、稳定地识别检验工作。由于对产品的需求不同,全自动生产线需要完成的功能也各不相同,比如理料、下料、输送、定位、分拣、组装等功能,要想完成这些功能,就需要视觉系统来辅助完成图像采集和分辨。视觉系统完成这些工作必须将硬件和软件功能配合在一起,对于机器视觉系统来说,硬件搭建完成后,软件就可以将硬件得来的图像信息进行处理。

学习工作流程

学习活动 1:认识和安装机器视觉系统的硬件。

学习活动 2:学会机器视觉系统软件的安装。

相关知识

1. 机器视觉系统的硬件介绍

机器视觉系统的硬件由光源、镜头、相机、图像采集单元、图像处理单元、交互界面、执行单元组成,如图 3-1-1 所示。

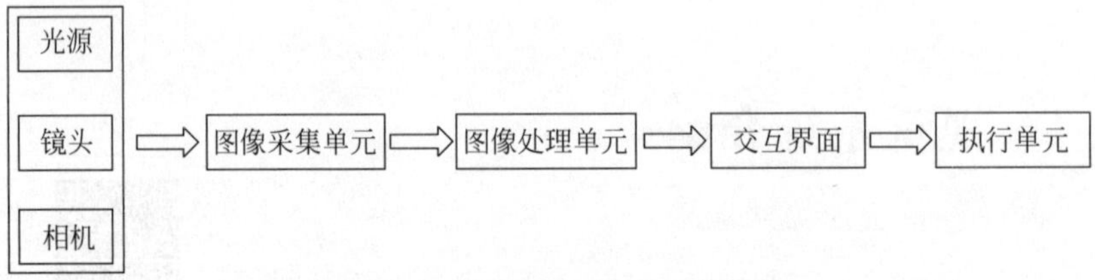

图 3-1-1 机器视觉系统硬件结构图

光源是机器视觉系统的重要部分之一,作为视觉成像的辅助条件,其以适当的方式将光线投射到被测物体上,将被测物体的图像呈现出来。合适的光源可以改善整个系统的分辨率,提高图像的辨识度,简化软件的运算,不合适的光源会引起很多问题。因此,光源是机器视觉系统中重要的组成部分,好的光源不仅可以照亮目标,提高目标亮度,形成图像的优质效果,而且可以克服环境光干扰,保证图像稳定性和清晰度。在机器视觉系统中,镜头通过光源投射到被测物体上的光线,将被测物体的成像目标聚焦在图像传感器的光敏面上,镜头的质量将直接影响成像系统的性能。对于镜头来说,影响的主要因素有视场角、光圈、焦距、景深等。相机就是捕捉图像的工具,市面上大多是 CCD 或 CMOS 相机。本任务以华数 1+X 设备的视觉模块为载体,该模块硬件由环形光源、相机、镜头组成,如图 3-1-2 所示。

2. 机器视觉系统软件的安装过程

（1）双击 VisionMaster 安装包可进行安装，如图 3-1-3 所示，单击“开始安装”按钮即可进入下一步。

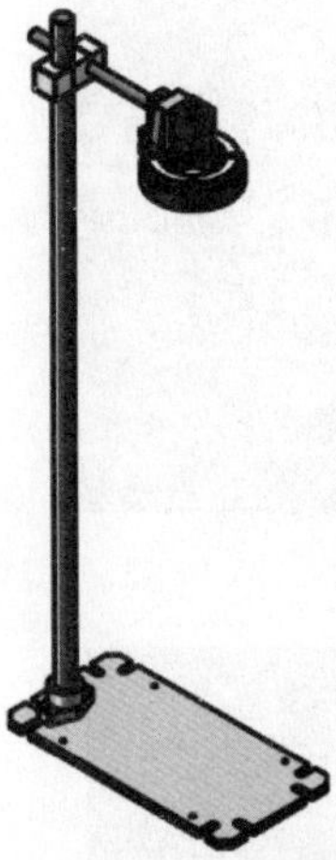

图 3-1-2　视觉模块

图 3-1-3　VisionMaster 安装包

（2）软件安装前，需要设置软件安装的路径，选择是否安装加密狗驱动，如图 3-1-4 所示。

图 3-1-4　软件安装路径及加密狗驱动

（3）若需要更改设置，可直接进行修改。确认设置后，单击“下一步”按钮进入软件安装过程，如图 3-1-5 所示。

（4）安装完成后，VisionMaster 客户端可设置是否完成后打开软件，如图 3-1-6 所示。

（5）在 VisionMaster 3.1.0 中，提供了示例包与深度学习包的补丁。在安装基础包之后可根据自己需求选择是否安装补丁，如图 3-1-7 所示。

（6）找到补丁包所在的位置，双击想要安装的补丁包，开始安装补丁，如图 3-1-8 所示。

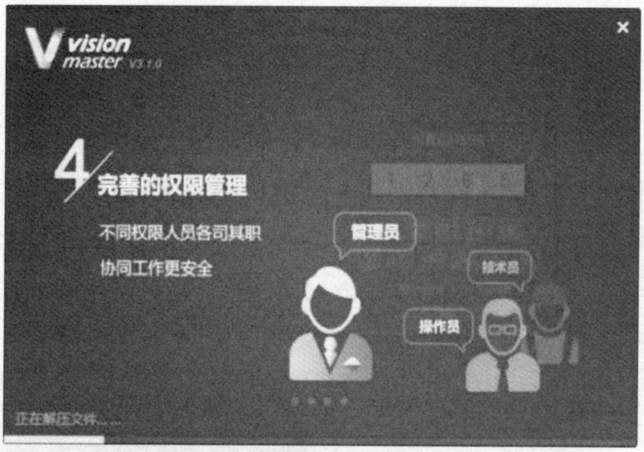

图 3-1-5　软件解压及安装

图 3-1-6　VisionMaster 软件安装完成

VisionMaster_Patch_STD_3.1.0_190416	2019/4/22 9:51	应用程序	973,978 KB	深度学习补丁包
VisionMaster_Samples_STD_3.1.0_190416	2019/4/22 9:50	应用程序	563,187 KB	示例补丁包
VisionMaster_STD_3.1.0_190416	2019/4/22 9:48	应用程序	318,648 KB	基础安装包

图 3-1-7　软件补丁安装包

图 3-1-8　开始安装软件补丁

(7) 勾选“已阅读并同意软件协议”后单击“下一步”按钮进行补丁安装，如图 3-1-9 所示。

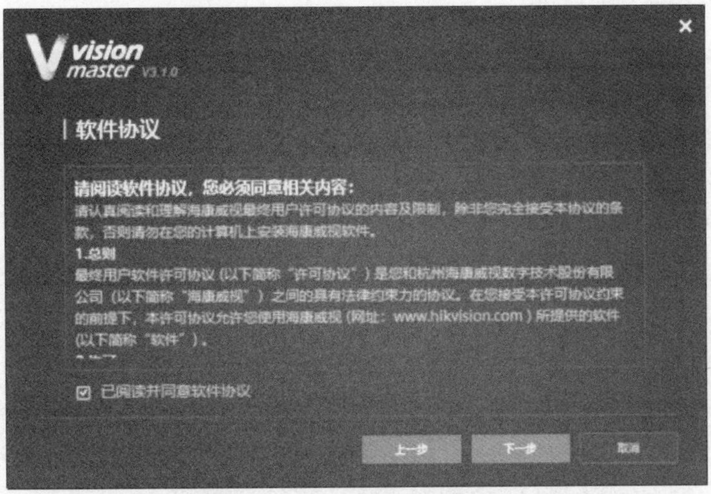

图 3-1-9　单击“下一步”按钮进行软件补丁的安装

安装完成后会有“安装完成”界面，单击“安装完成”后即完成软件安装。

3. 机器视觉系统软件的启动引导界面介绍

在计算机桌面上找到视觉系统图标，双击打开，页面中显示的就是 VisionMaster 的启动引导界面，如图 3-1-10 所示。此引导界面上有通用方案、定位测量、缺陷检测、用于识别四部分，通用方案包含后面三个模块，用户可根据自己实际情况编辑所需类型方案，最右侧显示的是最近打开的方案，下部的“查看实例方案”可为视觉方案的创建提供参考。

图 3-1-10　VisionMaster 的启动引导界面

4. 机器视觉系统软件的主界面

1) VisionMaster 的主界面

在 VisionMaster 的启动引导界面中选择任一模块就可以进入主界面，如图 3-1-11 所示。主界面中包含工具箱模块、流程编辑区域、图像显示区域、结果显示区域、状态显示区域。工具箱模块包含图像采集、定位、测量、识别、标定、对位、图像处理、颜色处理、缺陷检测、逻辑工具、通信等功能模块。

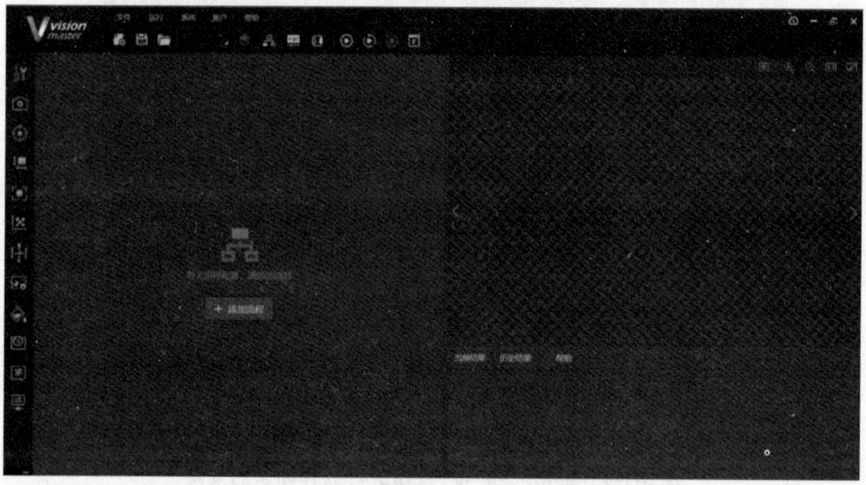

图 3-1-11 VisionMaster 的主界面

2）VisionMaster 的菜单栏

主界面中最上面显示软件的菜单栏，菜单栏中有文件、运行、系统、账户、帮助菜单命令，如图 3-1-12 所示。在运行的子菜单栏有新建方案、打开方案、最近打开方案、打开示例、保存方案、方案另存为、启动加载设置、方案管理、退出等操作选项。通过新建方案，可以进入新的方案搭建流程，单击后会提示“是否保存当前方案”，保存当前方案时文件后缀为.sol，保存时会提示加密设置，可设置是否加密，如图 3-1-13 所示。

图 3-1-12 VisionMaster 的主界面

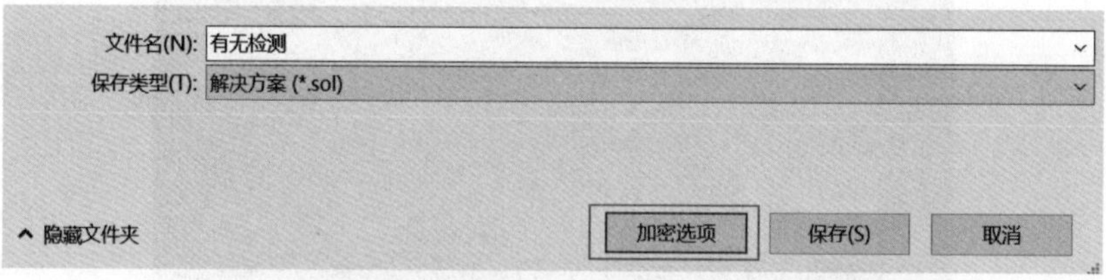

图 3-1-13 方案加密

在启动加载设置中可设置开机自动启动 VisionMaster 以及启动延时时间，也可打开指定路径的方案，提前设置方案密码和启动状态。当启用管理员权限等可设置默认开启运行界面，如图 3-1-14 所示。

运行的子菜单栏可以控制当前方案的运行方式：单次运行(F6)、连续运行(F5)、停止运行(F4)，也可以打开运行界面显示(F10)。该子菜单栏有日志、通信管理和软件关闭设置三个操作选项。其中，日志可以查看软件运行过程中的日志信息；通信管理可以添加通信设备；软件关闭设置可设置软件后台运行或者退出软件，停止运行。勾选“记住我的选择”后下次默认该操作。

在账户中可以启用管理员权限，设置管理员密码即相当于启用了管理员权限，在主界面右上角会弹出管理员控制选项，此时只能单击用户管理，进入权限启用和密码重置界面，如图 3-1-15 所示。

在用户管理界面可以重置管理员密码，也可以启用技术员和操作员权限，并设定相应的密码。开启不同的权限后即可进行权限分配与角色切换，如图 3-1-16 所示，勾选“开放所有工具”可以开放所有模块的配置权限，也可以自定义需要开放的权限。

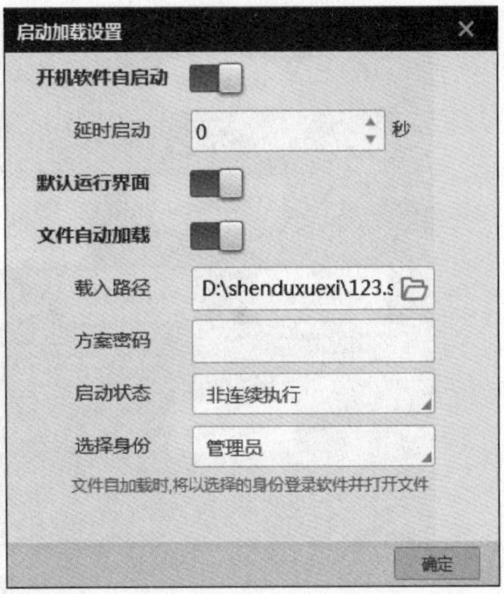

图 3-1-14 启动加载

3）VisionMaster 的快捷工具栏

主界面中快捷工具条在菜单栏下面，它包括新建方案、保存方案、打开方案、流程选择、上一层、全流程、全局变量、单次运行、连续运行、停止运行、运行界面这 12 项主要功能，如图 3-1-17 所示。下面介绍快捷工具“上一层”和“全局变量”。

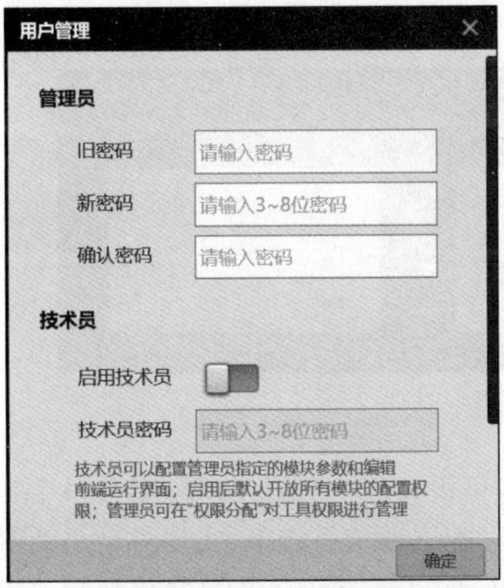

图 3-1-15 用户管理

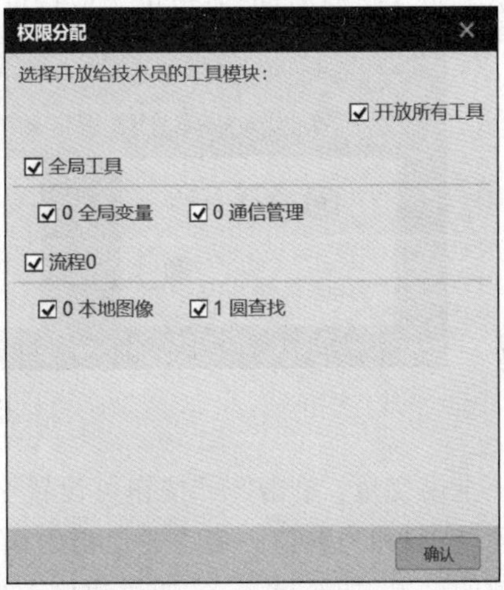

图 3-1-16 权限分配

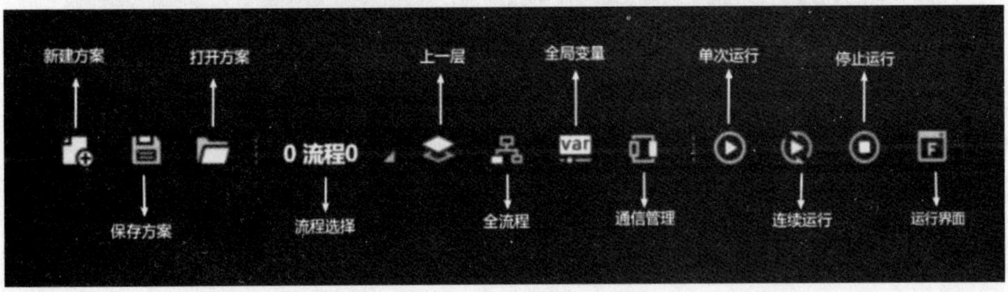

图 3-1-17 快捷工具栏

上一层：单击返回上一级，仅在 Group 中有效，如图 3-1-18 所示。

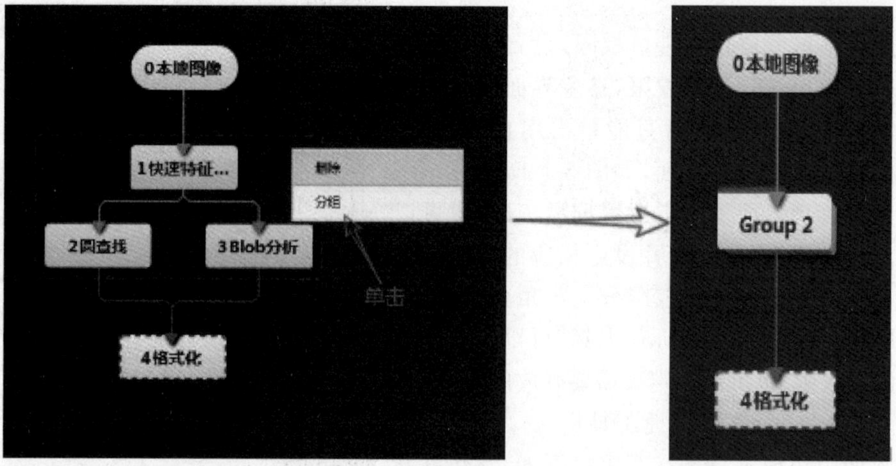

图 3-1-18　上一层

当建立多个流程时，打开后就可以显示自己建立的所有流程，如图 3-1-19 所示，当开启运行使能后，可以单击指定的一个或多个流程让指定流程运行，还能直接查看该流程的运行次数和单次运行时间，右击单个流程可删除流程、设置连续运行间隔、重命名流程。

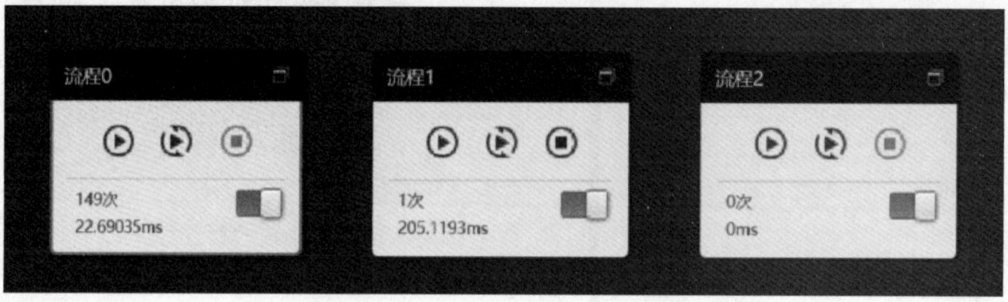

图 3-1-19　全流程

全局变量：单击"＋"按钮可设置全局变量，最多可设置 32 个全局变量，定义每个变量名称、类型和当前值。启用通信初始化后，将可以通过配置通信字符串，实现对全局变量初始值的设置，如变量 var0，通过通信工具发送 SetGlobalValue：var0＝0 可将该变量值设为 0，如图 3-1-20 所示。

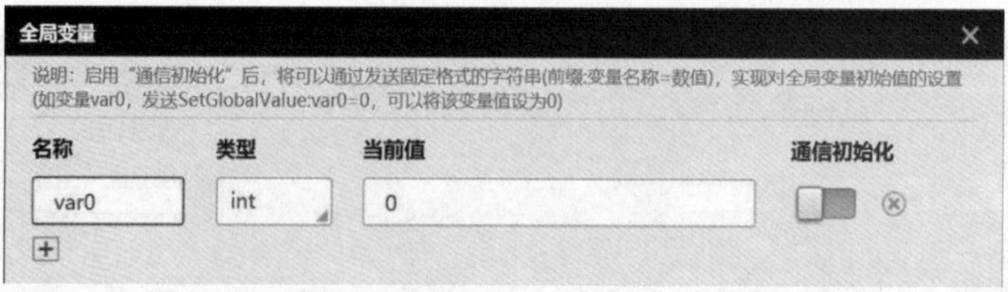

图 3-1-20　全局变量

在进行通信时，需要设置协议以及通信参数，支持 TCP、UDP 和串口通信，如图 3-1-21 所示。

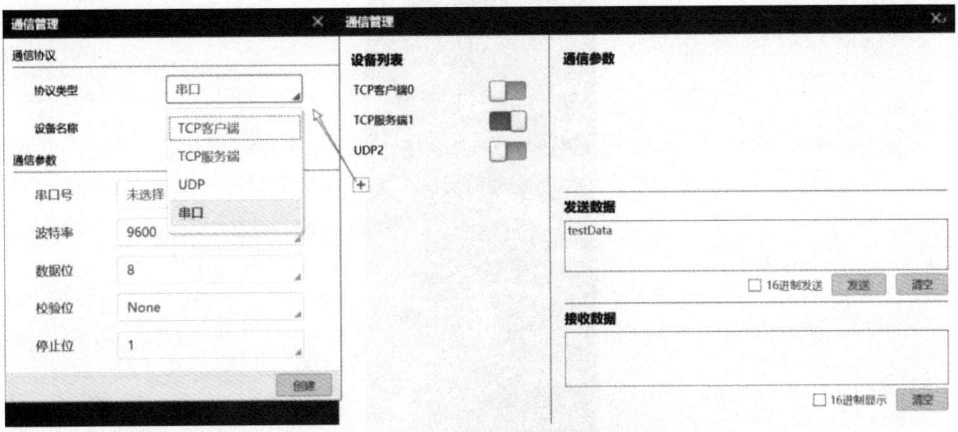

图 3-1-21　通信协议及通信参数

对方案可以执行单次运行流程、连续运行流程、停止运行流程。数据队列进行数据传输，从数据队列接收数据前需要先建立数据队列，单击“全流程”后选择数据队列，添加不同数据类型的数据队列。已存在的队列中均有值时才可以正常接收，否则接收模块返回错误。数据队列设置如图 3-1-22 所示。

图 3-1-22　数据队列

4）VisionMaster 的工具模块

VisionMaster 的工具可对算法进行模块化封装，方便用户使用。处理功能包含定位、测量、识别、标定、对位、图像处理、颜色处理、缺陷检测、逻辑工具和通信十大工具，如图 3-1-23 所示。其中，定位、测量、识别是核心工具。

图 3-1-23 VisionMaster 工具

任务 3.2 机器视觉系统九点标定

任务 3.2 微课视频

任务 3.2 二维动画

学习目标

1. 知识目标

(1) 了解机器视觉系统相机标定的目的和意义。
(2) 掌握机器视觉系统相机九点标定所需模块。
(3) 掌握机器视觉系统相机标定参数的设置。

2. 能力目标

(1) 熟练应用机器视觉系统的标定流程。
(2) 熟练应用机器人获取九点物理坐标并生成标定文件。

3. 情感目标

(1) 能按现场 6S 管理的要求清理现场。
(2) 提升学生岗位技能和团队合作意识。
(3) 培养学生科技强国和创新创造精神。

任务描述

在当前的汽车自动化生产线中，汽车零部件的组装是一个重要环节，在进行组装时，机器人的动作和目标的摆放位置都需要预先进行严格设定，一旦机器人的工作环境有所改变，就会导致抓取错误。机器视觉技术利用摄像机模拟人类的视觉功能,从而对客观事物进行测量和判断。本任务以海康威视软件为载体,通过海康威视软件搭建视觉流程图实现九点标定。

学习工作流程

学习活动 1:创建机器视觉系统相机九点标定流程。

学习活动 2:生成机器视觉系统九点标定文件。

相关知识

1. 相机标定的目的和意义

人的眼睛看到的世界是三维的、立体的,如果用相机拍出来就是二维的、非立体的,从三维物体到二维照片需要一个中间媒介,这个中间媒介就是相机。机器视觉的基本任务就是从相机获取的图像信息出发来计算三维空间中物体的立体信息,并由此重建和识别物体,在图像测量过程以及机器视觉应用中,为确定空间物体表面某点的三维几何位置与其在图像中对应点之间的相互关系,必须建立相机成像的几何模型,这些几何模型参数就是相机参数。在图像测量过程以及机器视觉应用中,标定过程就是确定摄像机的几何和光学参数,以及摄像机相对于世界坐标系的方位。由于相机计量单位为像素,机器人计量单位为 mm,机器人坐标系和相机坐标系并不重合,两者不能进行统一计量,所以需要 N 点标定,N 点标定就是确定相机坐标系和机器人世界坐标系之间的转换关系。通过 $N(N\geqslant4)$个相机像素点坐标和机器人物理坐标一一对应,实现两个坐标系之间的转换关系,并生成标定文件。无论是在图像测量还是机器视觉应用中,相机参数的标定都是非常关键的环节,其标定结果的精度及算法的稳定性直接影响相机工作产生结果的准确性,做好相机标定和提高标定精度是做好后续工作的前提。

2. 采集

相机拍照完毕,需要对图像进行处理和分析。图像采集就是通过相机获取到图像信息,包含有本地图像、相机图像和存储图像。下面对相机图像和本地图像进行介绍。

1) 相机图像

选择"相机图像"需要将当前局域网内的相机进行连接,这样拖动"相机图像"模块到流程编辑区,就能得到相应的图像。若相机因为网络等原因断开,在该时间内,模块会重新进行连接操作。如图 3-2-1 所示,在"图像参数"中,"图像宽度"和"图像高度"一般采用最大值,这样图像清晰度更高。"像素格式"有 MONO8 和 RGB24 两种,其中,MONO8 指的是黑白模式,RGB24 指的是彩色模式。"实际帧率"影响的是图像采集的快慢,实际帧率就是当前相机的实际采集帧率值。

如图 3-2-2 所示,"曝光时间"的长短会影响图片的亮度,在不增加曝光值的情况下,可通过增加增益来提高亮度。增益模式有三种,分别是 OFF、ONCE、CONTINUOUS。OFF 指的是不使用增益模式,ONCE 指的是使用一次,CONTINUOUS 指的是连续使用。Gamma 值为 0～1,图像暗处亮度提升;Gamma 值为 1～4,图像暗处亮度下降。在触发设置中,触发源有三种方式 LINE0、LINE2 和 SOFTWARE。用户可根据需要选择触发源,其中，软触发为 VisionMaster 控制触发相机。

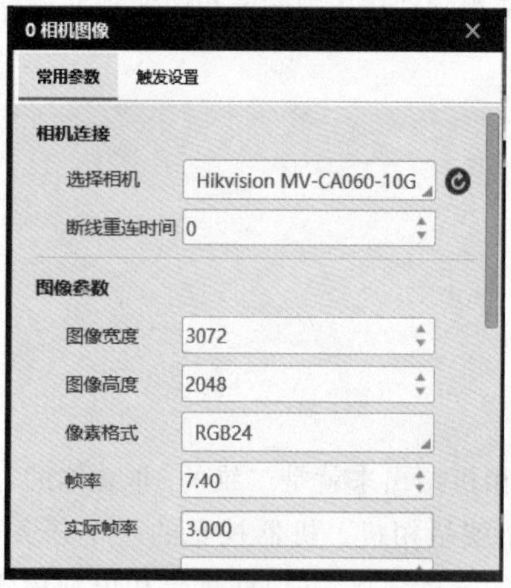

图 3-2-1　相机图像的参数设置 1

图 3-2-2　相机图像的参数设置 2

2）本地图像

相机拍照完毕将图片保存，可通过“本地图像”单击“＋”按钮添加照片后，对图像进行分析，可加载图片最大数据为 130MB，最大图像分辨率为 8192 像素×6144 像素。本地图像的像素格式有 MONO8 和 RGB24 两种，通过取图间隔可设置自动切换的取图间隔时长。若在运行中需自动切换到下一张图像，可通过自动切换进行设置。开启字符触发过滤功能后，在触发字符中未设置字符时，传输进来任意字符都可触发流程；设置字符后，传输进来相应字符才可触发流程，传输进来的字符与设置的字符不一致时不能触发流程，如图 3-2-3 所示。

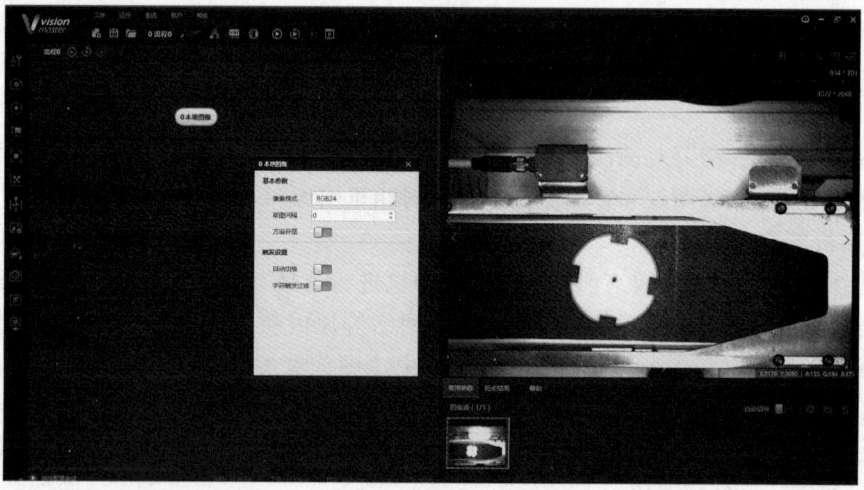

图 3-2-3　本地图像的设置参数

3. 定位

定位主要是对图像中某些特征的定位或检测，在定位中，特征匹配分为高精度特征匹配和快速特征匹配。此工具使用图像的边缘特征作为模板，按照预设的参数确定搜索空间，在图像中搜索与模板相似的目标，可用于定位、计数和判断有无等。

高精度特征匹配精度高，运行速度比快速匹配慢些，但是设置的特征更精细，匹配精度高。

高精度特征匹配的基本参数配置如图 3-2-4 所示，图像输入源可以是相机图像，也可以是本地图像，ROI 创建中有“绘制”和“继承”，选择“绘制”就要选择形状，第一个形状指的是全局，第二个形状指的是局部，第三个形状指的是不规则图形。选择“继承”可以按照区域选择，也可以按参数选择。

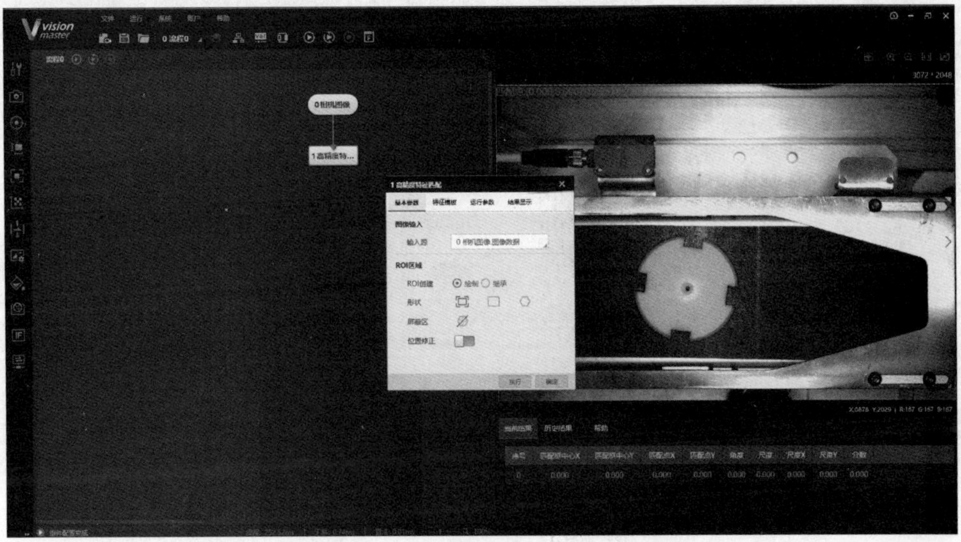

图 3-2-4　高精度特征匹配的基本参数

特征模板可以对图像特征进行提取，初次使用时需要编辑模板。选中需要编辑的模板区域，配置好参数后单击“训练模型”即可，如图 3-2-5 所示。

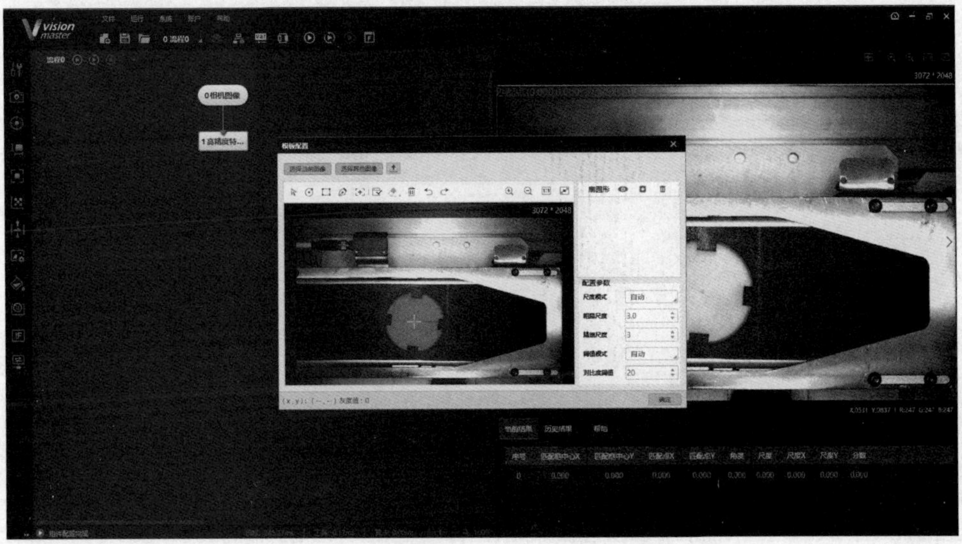

图 3-2-5　高精度特征匹配的特征模板

在模板配置区域中，如图 3-2-6 所示快捷键从左到右依次为移动图像、创建圆形掩膜、创建矩形掩膜、创建多边形掩膜、选择模型匹配中心、生成模型、擦除轮廓点、清空、撤销、返回。在配置参数中有尺度模式、粗糙尺度、精细尺度、阈值模式、对比度阈值。其中，尺度模式有自动模式和手动模式，当自动模式不能满足调节需求，可切换至手动模式。粗糙尺度值越大，表示特征尺度越大，粗糙尺度决定特征匹配速度。精细尺度决定特征的精细程度。

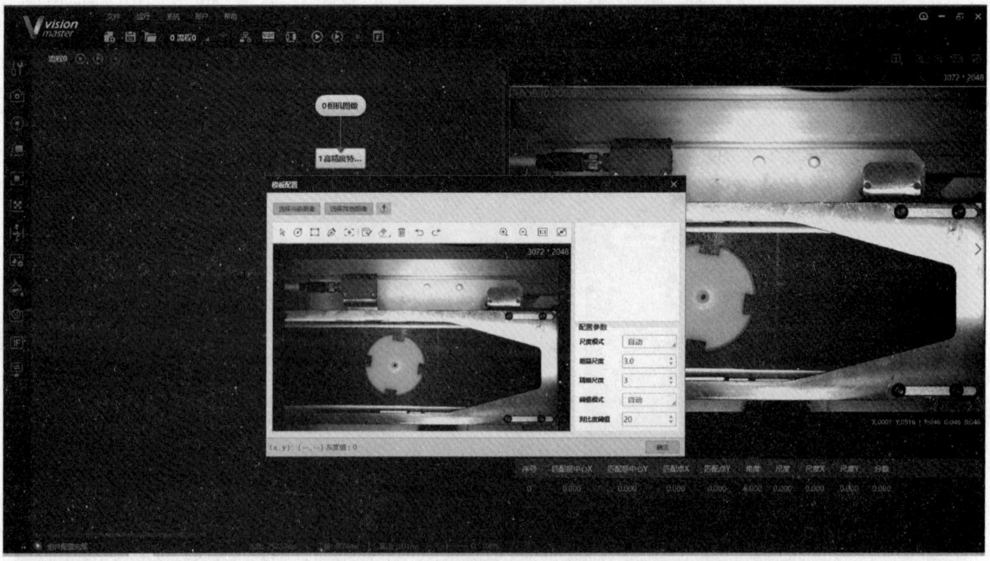

图 3-2-6　高精度特征匹配的模板配置

运行参数中的最小匹配个数指的是特征模板与搜索图像中目标的相似程度，也就是图像目标与特征达到相似度的该阈值时才能被搜索到，若此数值达到 1，表示完全吻合，如图 3-2-7 所示。

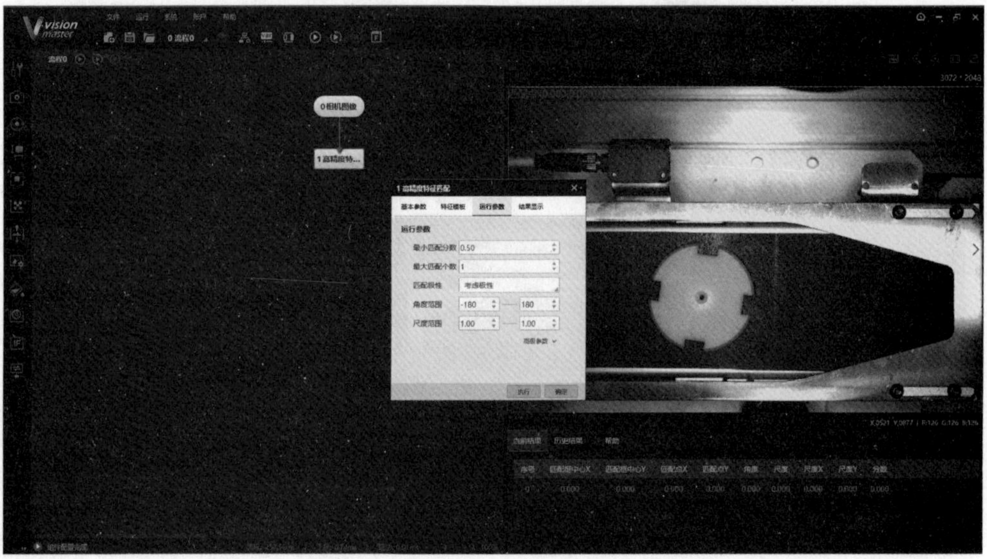

图 3-2-7　高精度特征匹配的运行参数

4. 标定

标定主要用于确定相机坐标和机器人机械臂世界坐标系之间的转换关系。N 点标定是通过 N 点像素坐标和物理坐标，实现相机坐标系和机器人物理坐标系的转换，并生成标定文件。在 N 点标定的基本参数中，平移次数为平移获取标定点的次数，基准点 X 和基准点 Y 标定原点的物理坐标通常设置成 0。在运行参数中，相机模式有相机静止上相机位、相机静止下相机位和相机运动三种模式。

5. 机器视觉系统九点标定的建立

1）机器视觉系统相机九点标定流程图的创建

（1）在视觉处理工具集合中单击“采集”，选择“相机图像”，将“相机图像”拖到操作界面，在视觉处理工具中单击“定位”，选择“高精度特征匹配”，将“高精度特征匹配”拖到操作界面，将“相机图像”与“高精度特征匹配”连接起来。在视觉处理工具中选择“标定”，在“标定”中选择“2N 点标定”，将“高精度特征匹配”与“2N 点标定”连接起来，如图 3-2-8 所示。

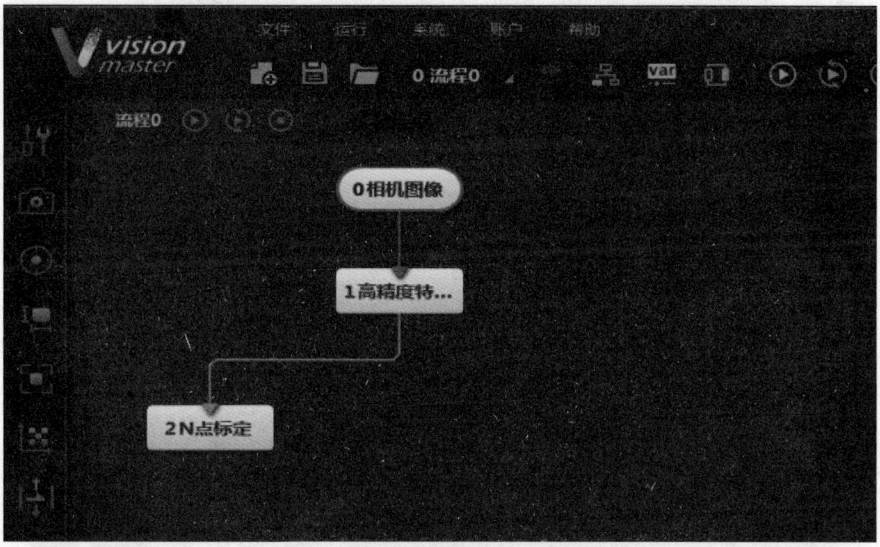

图 3-2-8　九点标定视觉流程图创建

（2）双击“相机图像”，在常用参数中选择海康威视相机，将像素格式更改为 MONO8（黑白模式），如图 3-2-9 所示。触发模式更改为 SOFTWARE，如图 3-2-10 所示。

（3）双击“高精度特征匹配”，首先在基本参数中的“ROI 区域”→“ROI 创建”选择“绘制”，形状选择矩形，如图 3-2-11 所示，然后创建模板，单击单次运行拍照获取图像，在“特征模板”中，单击“模板创建”，如图 3-2-12 所示，在已获取的图像中选择一个清晰的标定圆，用矩形线框选中此圆，选择的面积一定要将此圆全部覆盖，单击“匹配中心点”，将中心点定在标定圆的圆心位置，如图 3-2-13 所示，单击“生成模型”，单击“执行”按钮，再单击“确定”按钮，这样就创建好一个完整的模型，如图 3-2-14 所示。

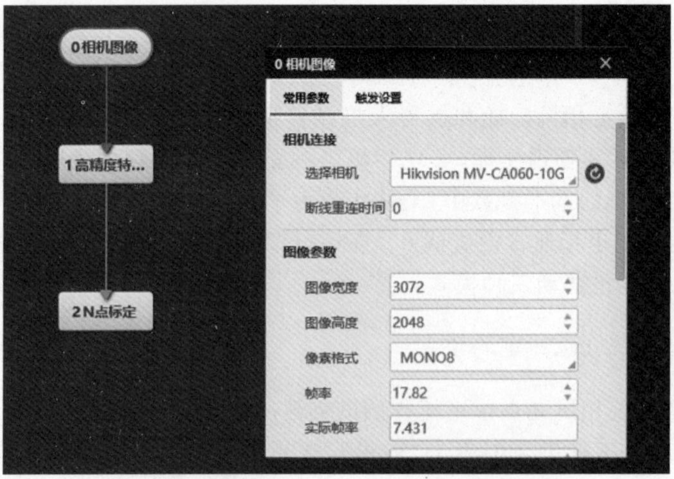

图 3-2-9 相机图像参数修改——像素格式

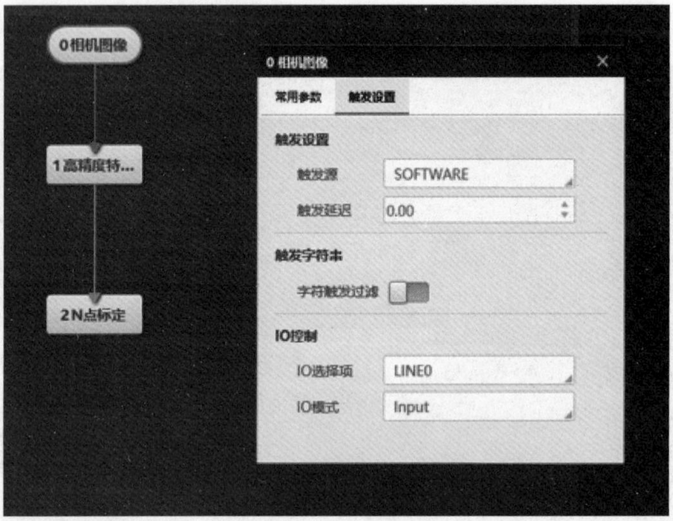

图 3-2-10 相机图像参数修改——触发模式

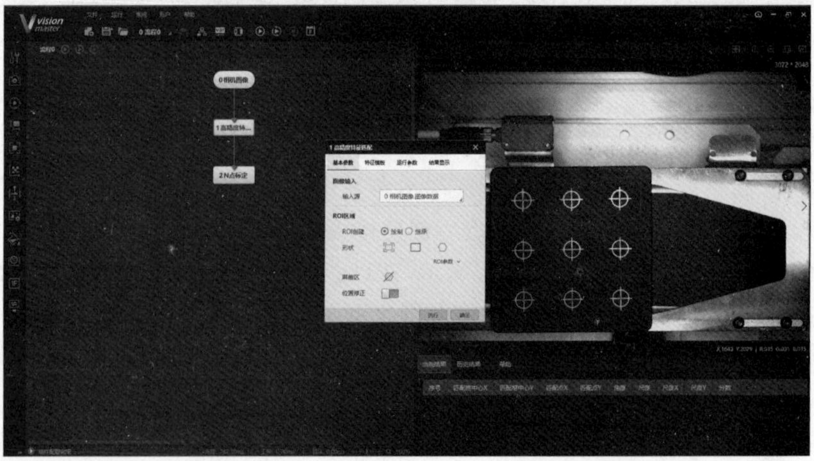

图 3-2-11 高精度特征匹配——矩形选择

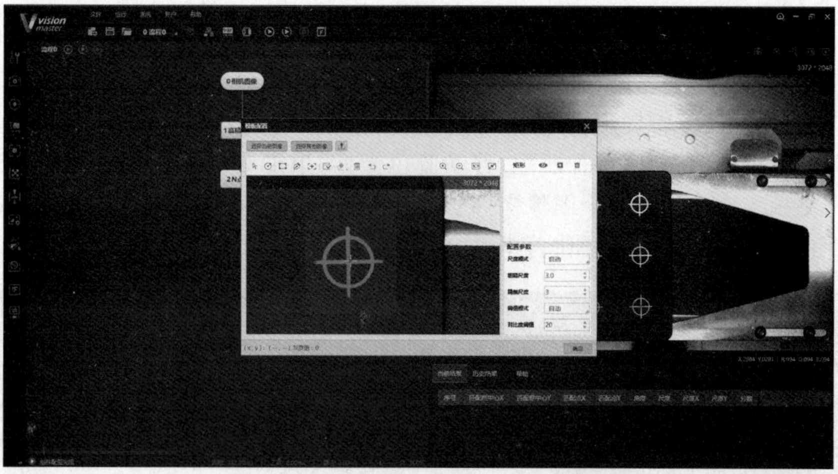

图 3-2-12　高精度特征匹配——模板创建

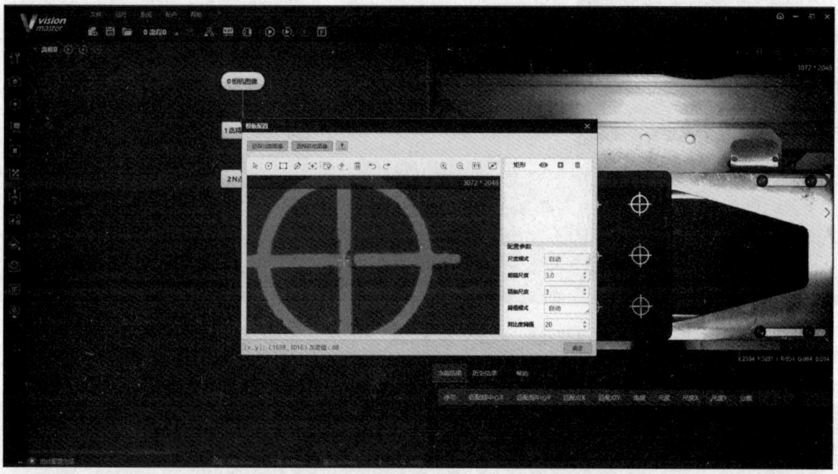

图 3-2-13　高精度特征匹配——匹配中心点

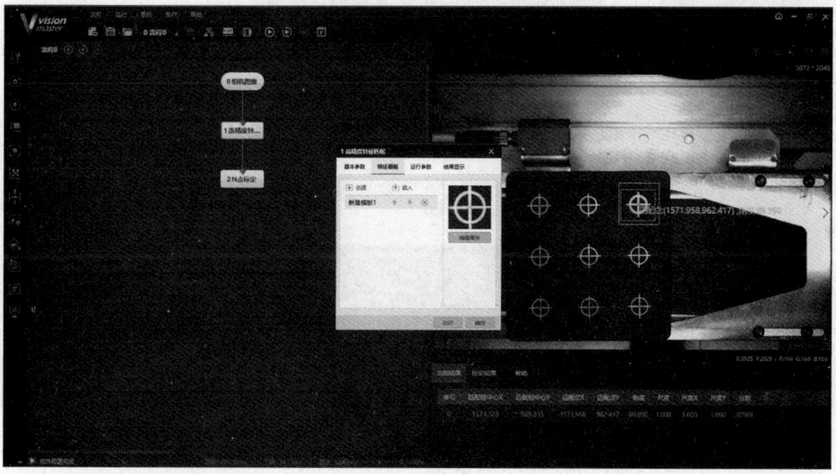

图 3-2-14　高精度特征匹配——模型创建完成

(4) 双击“2N 点标定”，在“基本参数”中“标定点获取方式”选择触发获取，“标定点”选择按点输入，“图像点”要与高精度特征匹配链接上，平移次数为 9 次，在旋转次数后面的笔形图标上单击，打开“编辑标定点”对话框，如图 3-2-15 所示，选择清空标定点，单击“确定”按钮。再次双击打开高精度特征匹配，移动蓝色光标，单击单次执行，依次对标定板上的九个圆拍照，每拍一次就得到一个图像坐标 X 和 Y，如图 3-2-16 所示。以此类推，按照顺序将九个点拍照完毕，单击“执行”按钮再单击“确定”按钮。

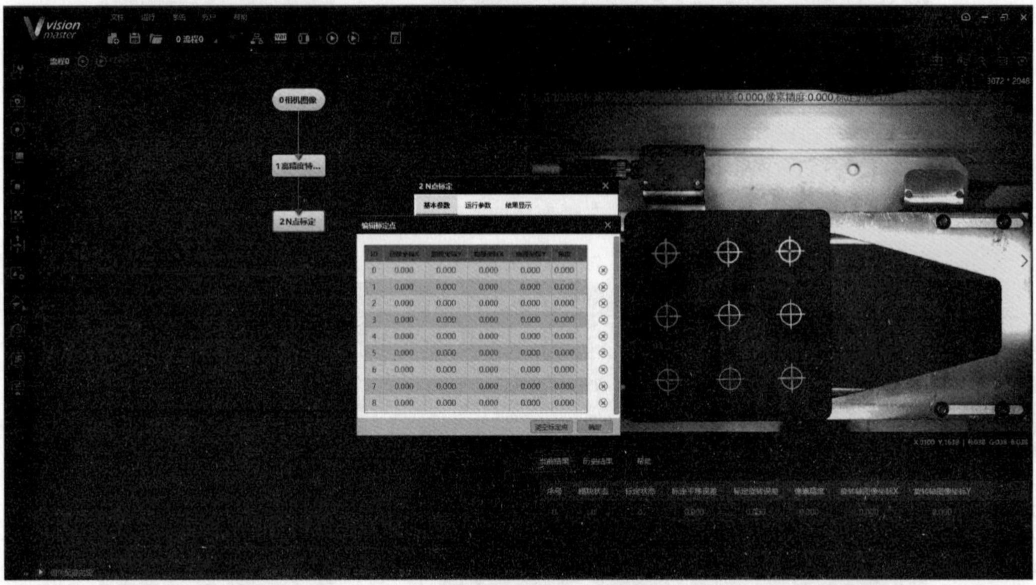

图 3-2-15 “2N 点标定”——编辑标定点

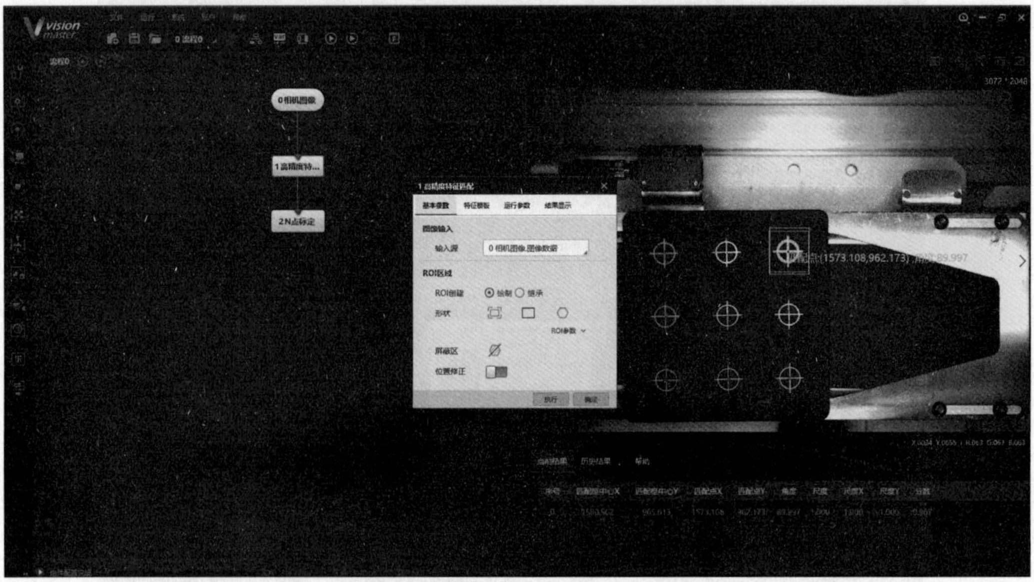

图 3-2-16 “2N 点标定”——图像坐标 X 和 Y 的获取

（5）双击“2N 点标定”，相机图像区域会通过绿色线条按照拍照顺序将这九个点连接起来，如果在相机图像区域显示的红色线条或者其中有一条（N 条）绿色线条飞出图像区域之外，说明没有和创建模板匹配上，没有成功得到图像坐标 X 和 Y，如图 3-2-17 所示。

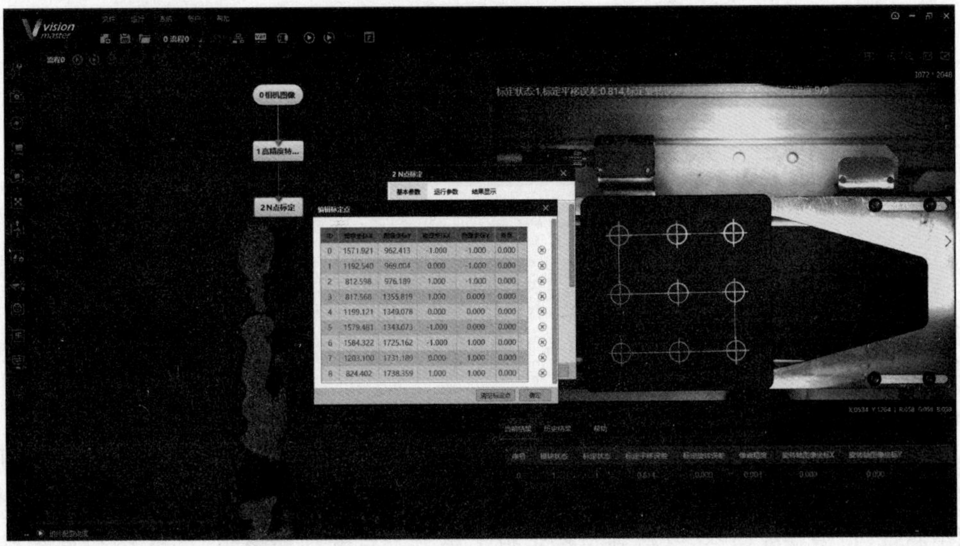

图 3-2-17　相机九点标定结果

2）机器人九点坐标的获取

（1）装夹机器人标定笔

打开机器人示教器，在示教器主菜单中单击“显示”，如图 3-2-18 所示，选择“输入/输出端”，在“输入/输出端”中选择“数字输入/输出端”，单击“输出端”，如图 3-2-19 所示。在这一过程中需要注意的是，机器人末端夹具松开后，要想将夹具上紧，必须将输出端 8 这个端口的值取消，不然输出端 9 这个值无法进行夹紧。

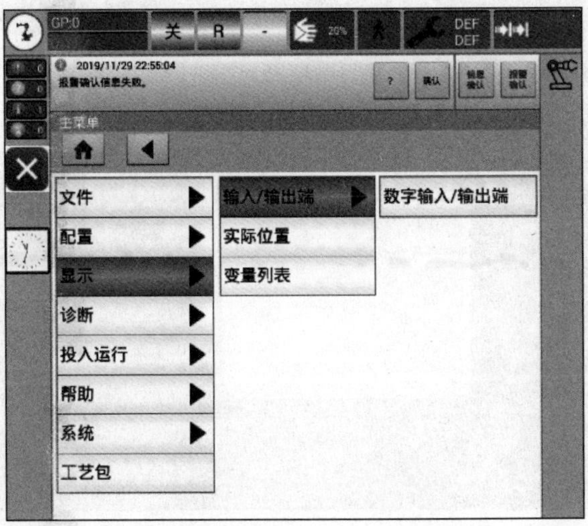

图 3-2-18　机器人示教器主菜单

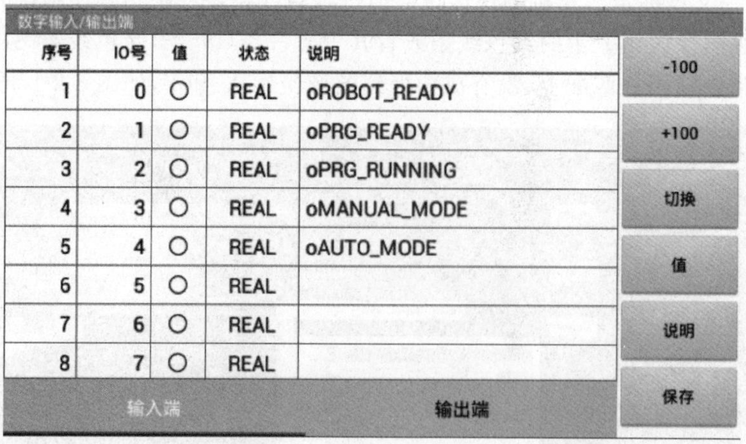
数字输入/输出端
序号
IO号
值
状态
说明
1 0 REAL oROBOT_READY
2 1 REAL oPRG_READY
3 2 REAL oPRG_RUNNING
4 3 REAL oMANUAL_MODE
5 4 REAL oAUTO_MODE
6 5 REAL
7 6 REAL
8 7 REAL
输入端
输出端
-100
+100
切换
值
说明
保存

图 3-2-19 机器人示教器数字输入/输出端的输出端

(2) 机器人九点标定物理坐标的获取

在示教器上单击“显示”,从显示中找到变量列表,将光标移至“R 数据寄存器”,在 R 数据寄存器中选择 R[1],单击修改,利用点动运行键,移动机器人标定夹具至标定板第一个位置的中心点,单击获取坐标,就得到了标定板上第一个点的物理坐标 X 和 Y,以此类推,将标定板上九个点的物理坐标 X 和 Y 都获取到。

3) 九点标定文件的生成

将获取的九个点的机器人物理坐标 X 和 Y,依次填入相机标定流程中的“2N 点标定”里面的编辑标定点中,如图 3-2-20 所示,填写完毕单击“确定”按钮,再单击“生成标定文件”按钮,如图 3-2-21 所示,选择标定文件的生成路径,如图 3-2-22 所示,标定文件保存成功,如图 3-2-23 所示。

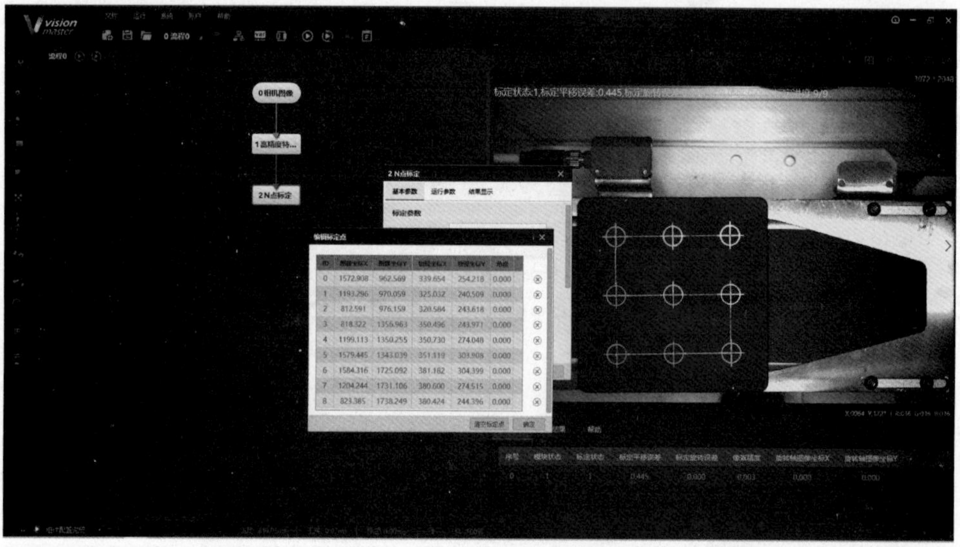

图 3-2-20 机器人物理坐标的填写

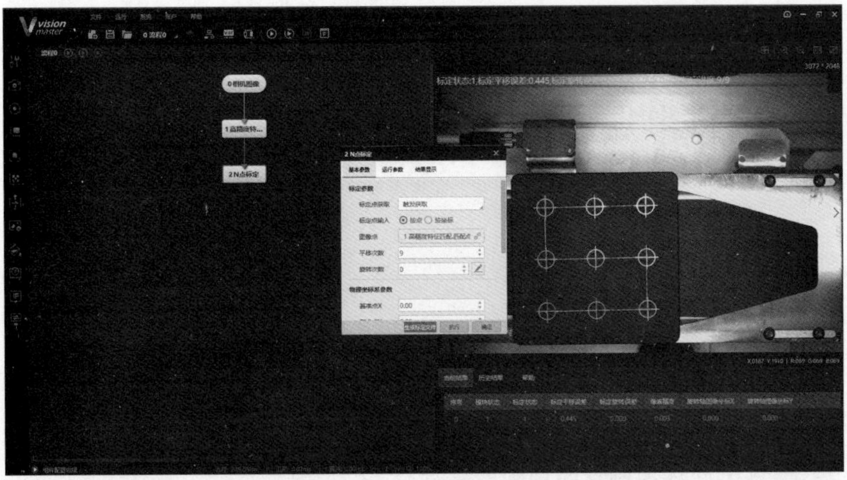

图 3-2-21　生成标定文件

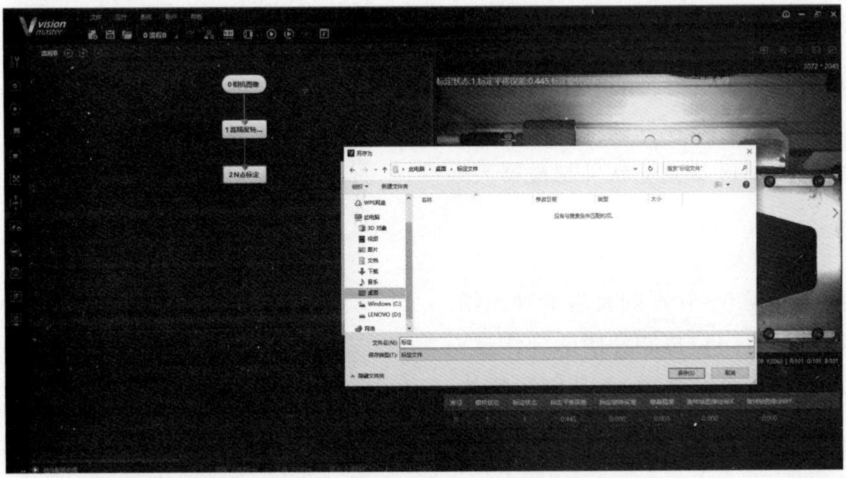

图 3-2-22　标定文件生成路径

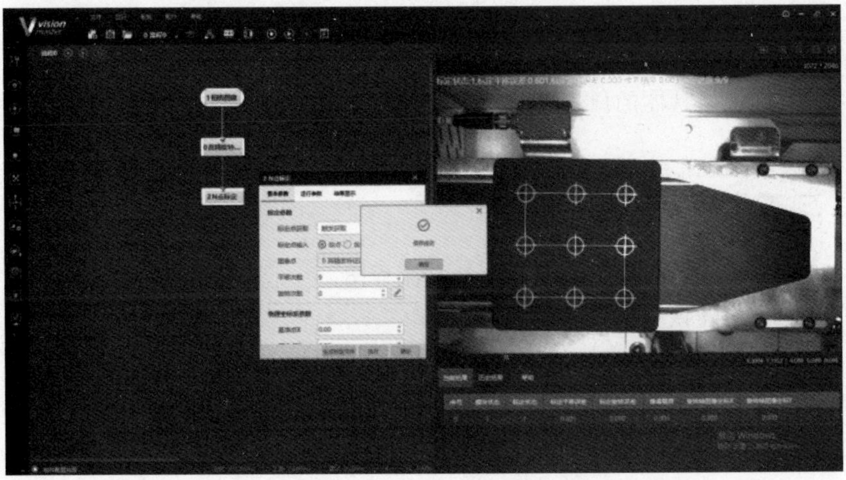

图 3-2-23　标定文件保存成功

任务 3.3 电机组件缺陷检测

任务 3.3
微课视频

学习目标

1. 知识目标

(1) 掌握电机组件缺陷检测需要的视觉模块。
(2) 掌握电机组件视觉流程图创建的过程。
(3) 掌握机器视觉流程图中颜色脚本的编写。

2. 能力目标

(1) 根据任务,熟练应用机器视觉软件创建视觉流程图。
(2) 熟练应用机器视觉软件编写相关脚本。
(3) 熟练应用机器视觉软件与机器人通信。

3. 情感目标

(1) 能按现场 6S 管理的要求清理现场。
(2) 提升学生岗位技能和团队合作意识。
(3) 培养学生科技强国、创新创造精神。

任务描述

在当前的汽车自动化生产线中,汽车零部件的组装是一个重要环节,在进行组装时,机器视觉系统需要对工件的形状和颜色进行分辨,对不同形状、不同颜色的工件通过视觉系统拍照后,将得到的信息传送给机器人,机器人按照一定要求将工件组装起来。本任务以海康威视软件为载体,根据具体的任务搭建视觉流程图对电机组件进行检测,并将检测结果送给机器人。

学习工作流程

学习活动 1: 创建电机组件缺陷检测视觉流程图。
学习活动 2: 机器视觉系统通信的建立。

相关知识

1. 定位

在定位中经常利用高精度特征匹配和位置修正这两个模块,实现辅助定位、修正被测目标运动偏移或辅助精准定位。位置修正可以根据模板匹配结果中的匹配点和匹配框角度建立位置偏移的基准，然后根据特征匹配结果中的运行点和基准点的相对位置偏移实现 ROI 检测框的坐标旋转偏移，也就是让 ROI 区域能够跟得上图像角度和像素的变化。如图 3-3-1 所示，位置修正的选择方式有两种，分别是按点和按坐标，按点修正就是通过确定的点的位置信息，按坐标修正就是通过确定的点的坐标信息 X 和 Y。在这里需要强调的是，无论是按点还是按坐标修正，它的位置信息都是从上一个信息模块传送过来的，它的作用就是确定被测目标的像素和角度的偏移。

2. 标定转换

九点标定完成后生成的标定文件可实现相机坐标系和机器人机械臂世界坐标系之间的转换。如图 3-3-2 所示，标定转换通过查找工件在相机坐标系中的位置，加载标定文件，输出标定转换后工件在机械臂世界坐标系的位置。标定转换的输入方式有两种，分别是按点和按坐标，无论是按点还是按坐标都是通过上一个模块的具体信息传送过来的。

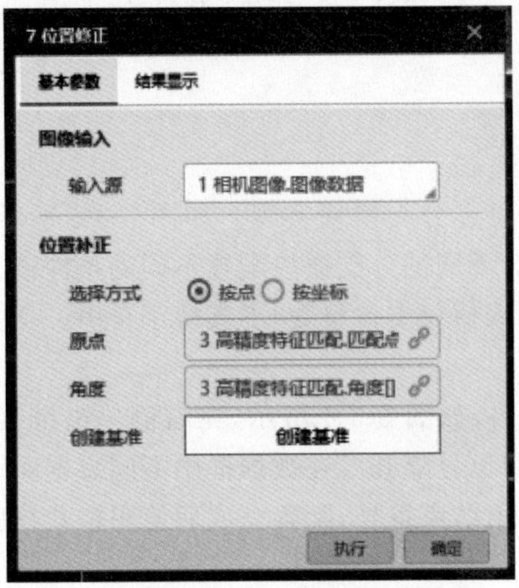

图 3-3-1　位置修正

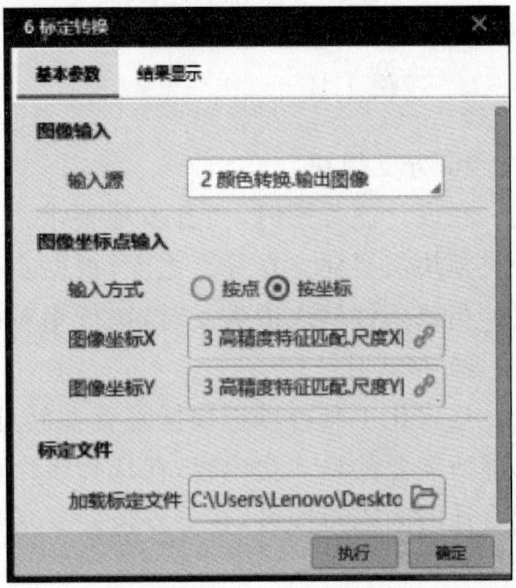

图 3-3-2　标定文件

3. 颜色处理

颜色抽取可以从 RGB、HSV 和 HSI，根据需要抽取各颜色通道亮度并设置各通道范围，输出的时候需要转化成一个 8 位的二值图像。颜色测量指定区域内彩色图像的颜色信息，包括每个通道的最大值、最小值、均值和方差。颜色转换是指对于彩色图像可以选择转换成灰度、HSV、HSI、YUV 等，转换后通过指定颜色通道输出相对应的灰度图像。如图 3-3-3 所示，颜色转换设置的类型其实就是彩色向灰色转换。如图 3-3-4 所示，颜色转换比例有通用转换比例、平均转换比例、通道最小值、通道最大值、自设转换比例、R 通道、G 通道和 B 通道。通用转换比例是指 0.299R+0.587G+0.114B，R 通道是指只取红色，其他不占任何比例；B 通道是指只取蓝色，其他不占任何比例；G 通道是指只取绿色，其他不占任何比例。

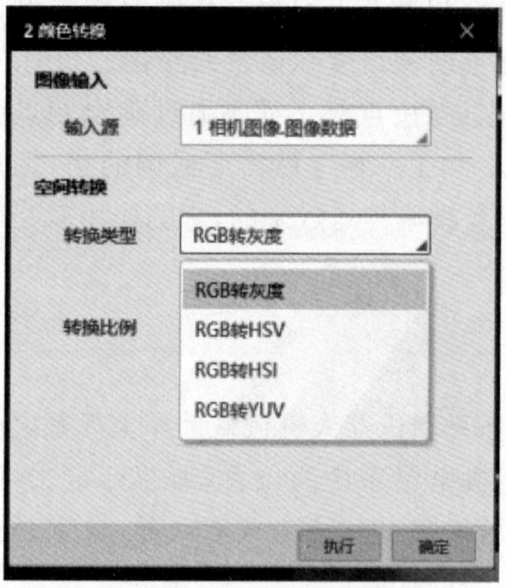

图 3-3-3 颜色转换类型

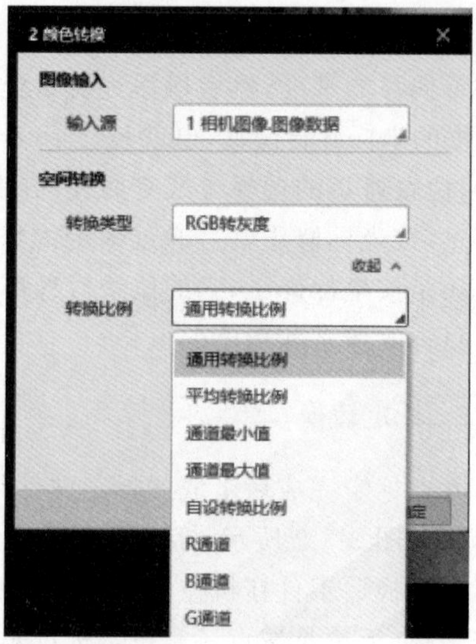

图 3-3-4 颜色转换比例

4. 逻辑工具

1）分支模块

在设计流程图时，当有多项要求需要满足时，可通过分支模块实现。如图 3-3-5 所示，分支模块需要建立在分支之上，根据实际方案要求，对不同的分支模块配置不同的条件输入值。当该条件输入值满足时，执行相对应的分支。输入值仅支持整数，不支持字符串。

2）格式化

格式化工具可以把数据整合并转化成字符串输出，如图 3-3-6 所示，在右侧单击链接，选择所需要的格式化内容，在选择多个内容时，中间用逗号隔开。在数据框中不同数据间设置合适的间隔符即可，在下方按照要求选择合适的输出结束符号，配置完成后使用格式校验看是否符合要求。

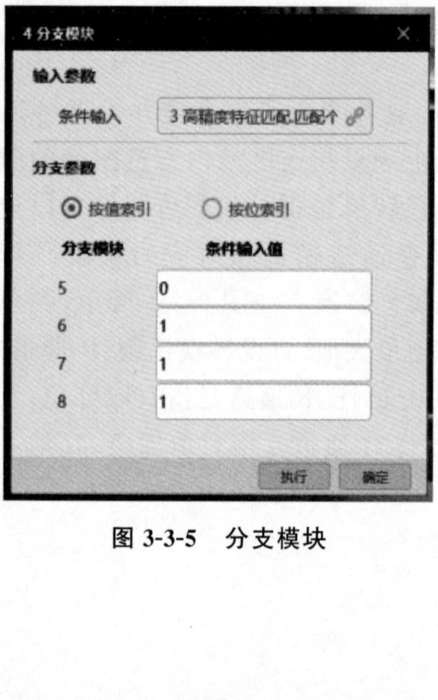

图 3-3-5 分支模块

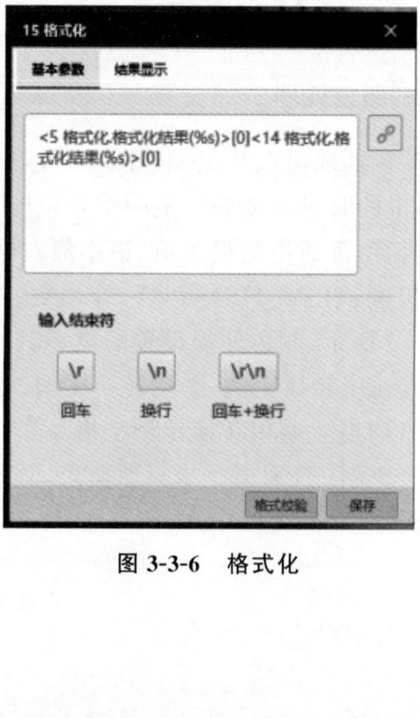

图 3-3-6 格式化

3）脚本

脚本可以进行复杂的数据处理，如位置确定、颜色处理等，脚本文件格式为后缀 cs，脚本代码长度不受限制，支持导入导出，导入完成后模块执行一次编译，编译成功后按照新代码运行。脚本在编写之前需要将输入变量和输出变量的名称和类型定义好，这样在编辑脚本时才能用到，如图 3-3-7 所示。

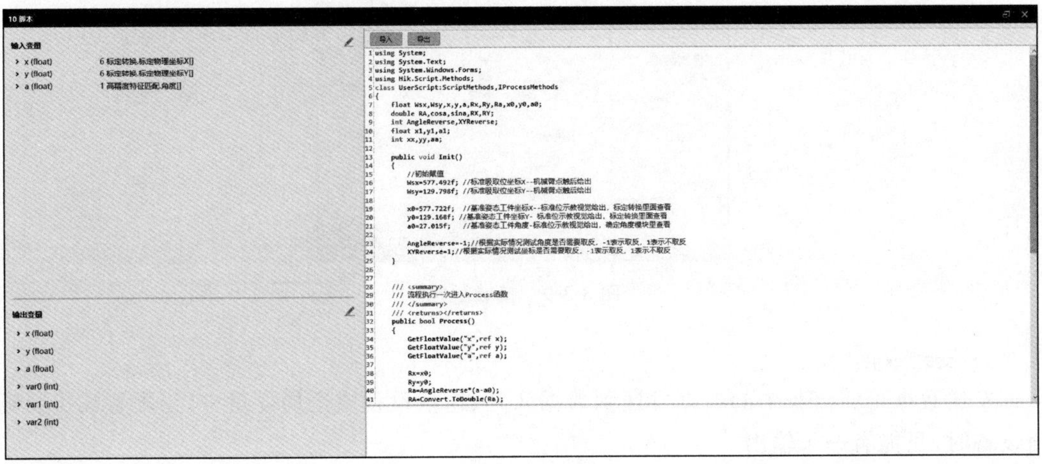

图 3-3-7　脚本

5. 通信

1）接收数据

在数据传送之前，需要在通信管理中建立通信服务端如图 3-3-8 所示，这样才能为接收或传送数据服务。接收数据模块主要用于不同流程之间的数据传输，在数据源中有数据列队、通信设备、全局变量；获取行数指的是选择接收数据的行数，最少为 1，最多为 256，如图 3-3-9 所示。

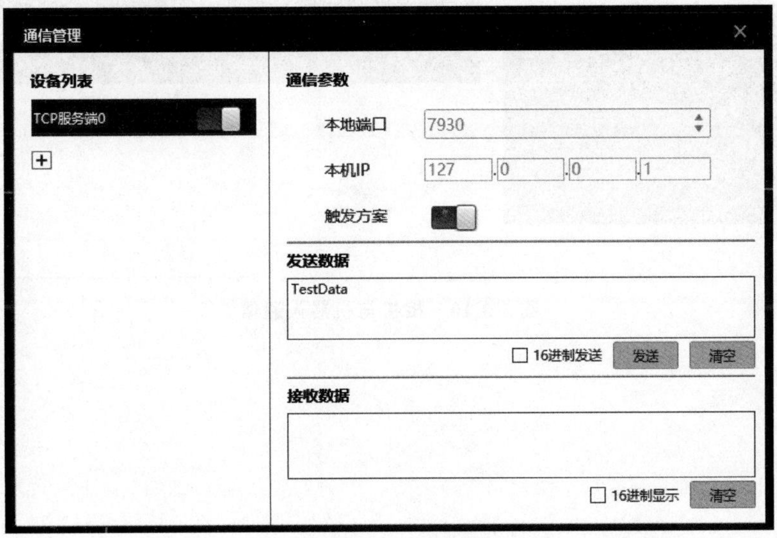

图 3-3-8　通信管理

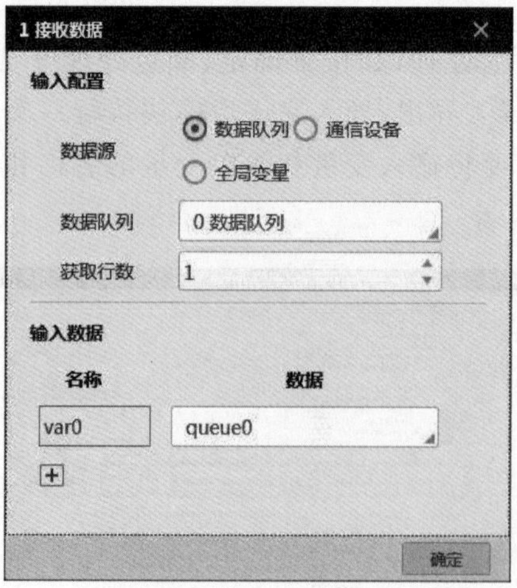

图 3-3-9 接收数据

2）发送数据

发送数据可将流程中的数据发送到数据队列、通信设备或全局变量中，当配置输出至通信设备时，只能有一个输出。

3）相机与机器人信息交互

利用 PLCinterface 软件，调整 VM 通信参数中的目标 IP 和目标端口参数，连接相机与机器人。打开机器人示教器，在“显示”的“变量列表”中，找到 R99 和 R107，此列表里的信息和 PLCinterface 监控表中的信息一致，说明视觉拍照信息已经传送到机器人，如图 3-3-10 所示。

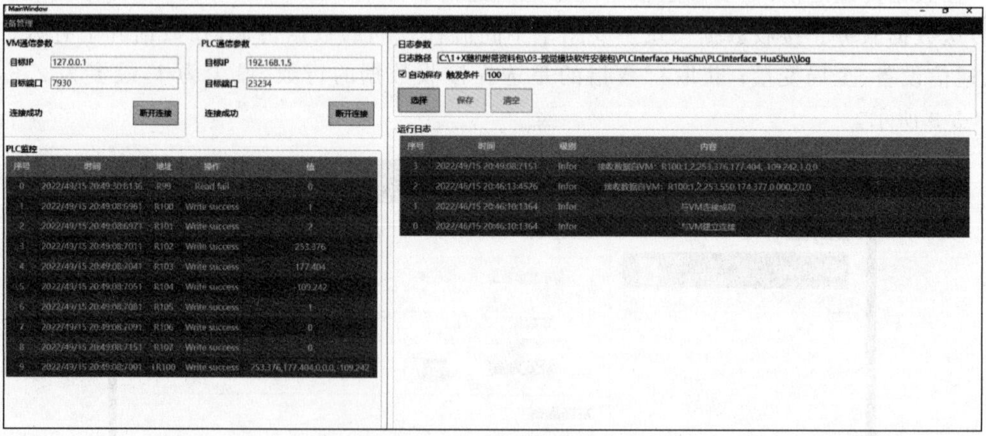

图 3-3-10 相机与机器人通信

项目4

智能控制系统PLC编程与组态设计

项目描述：随着工业智能制造、工业 4.0 等不断推进，PLC 得到了更加广泛的应用。基于 PLC 控制系统完成智能制造单元主要设备间的互联互通、编程和调试，编写各模块的数据接口，实现智能制造系统对工件的传送和装配控制流程。

思维导图

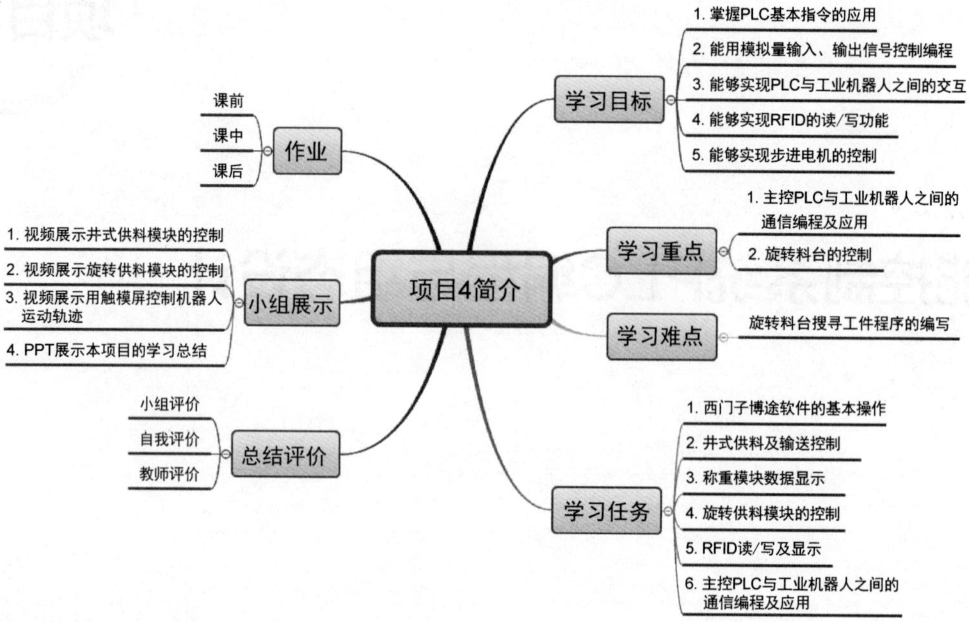
项目4简介
学习目标
1. 掌握PLC基本指令的应用
2. 能用模拟量输入、输出信号控制编程
3. 能够实现PLC与工业机器人之间的交互
4. 能够实现RFID的读/写功能
5. 能够实现步进电机的控制
学习重点
1. 主控PLC与工业机器人之间的通信编程及应用
2. 旋转料台的控制
学习难点
旋转料台搜寻工件程序的编写
学习任务
1. 西门子博途软件的基本操作
2. 井式供料及输送控制
3. 称重模块数据显示
4. 旋转供料模块的控制
5. RFID读/写及显示
6. 主控PLC与工业机器人之间的通信编程及应用
作业
课前
课中
课后
小组展示
1. 视频展示井式供料模块的控制
2. 视频展示旋转供料模块的控制
3. 视频展示用触摸屏控制机器人运动轨迹
4. PPT展示本项目的学习总结
总结评价
小组评价
自我评价
教师评价

细语润心田

引导学生应用 PLC 控制编程技术实现智能控制系统各模块动作，通过科学合理规划各模块单元的动作工艺流程，高效完成任务。促进学生专业知识的提升并形成初步科研能力，提高学生 PLC 方面的工程实践能力，培养并锻炼学生的综合科学思维和创新精神，树立成为高技能人才的奋斗意识。

任务 4.1　西门子博途软件的基本操作

任务 4.1 微课视频

任务 4.1 二维动画

学习目标

1. 知识目标

(1) 正确安装西门子博途软件 V15.1。
(2) 掌握智能制造系统与集成所需的硬件组态。

2. 能力目标

(1) 掌握程序文件加载方法。

（2）掌握传感器和气缸的测试方法。

3. 情感目标

（1）能按现场 6S 管理的要求进行实验实训操作。
（2）培养学生自主学习，与人合作探究的团队协作精神。

任务描述

TIA 博途软件可以将所有西门子自动化系列产品统一集成在软件中进行相应的配置、编程和调试，TIA 是 totally integrated automation 全集成自动化的缩写。在本任务中，我们将进行西门子博途软件 V15.1 安装，完成智能制造系统与集成所需的硬件组态，并测试传感器和气缸。

学习工作流程

学习活动 1：智能控制系统硬件组态。
学习活动 2：HMI 监控传感器和气缸。

相关知识

1. S7-1200 PLC 概述

西门子控制器系列是一个完整的产品组合，如图 4-1-1 所示。在实际工作中可根据具体应用需求及预算，灵活组合、定制。

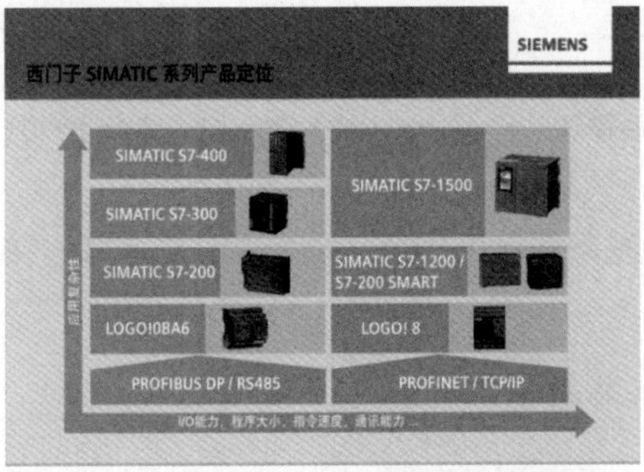

图 4-1-1　西门子 SIMATIC 系列产品定位

SIMATIC S7-1200 小型可编程控制器可充分满足中小型自动化的系统需求。在研发过程中，S7-1200 PLC 充分考虑了系统、控制器、人机界面和软件的无缝整合及高效协调的需求。西门子 S7-1200 系列的问世标志着西门子在原有产品系列基础上拓展了产品版图，代表了未来小型可编程控制器的发展方向。

1）S7-1200 PLC 简介

S7-1200 PLC 使用灵活、功能强大，可用于控制各种各样的设备，如图 4-1-2 所示。S7-1200 PLC 设计紧凑、组态灵活且具有功能强大的指令集，这些特点的组合使它成为控制各种应用的完美解决方案。

CPU将微处理器、集成电源、输入和输出电路、内置PROFINET、高速运动控制I/O以及板载模拟量输入组合到一个设计紧凑的外壳中，形成功能强大的控制器。用户下载程序后，CPU将包含监控应用中的设备所需的逻辑。CPU根据用户程序逻辑监视输入并更改输出，用户程序可以包含布尔逻辑、计数、定时、复杂数学运算以及与其他智能设备的通信。

图 4-1-2　S7-1200 PLC

2）安全功能

（1）每个CPU都提供密码保护功能，用户可以通过该功能来组态对CPU功能的访问权限。

（2）可以使用"专有技术保护"隐藏特定块中的代码。

（3）可以使用复制保护将程序绑定到特定存储卡或CPU当中。

3）设备组成

（1）电源接口。

（2）存储卡插槽（上部保护盖下面）。

（3）可拆卸用户接线连接器（保护盖下面）。

（4）板载I/O的状态LED。

（5）PROFINET连接器（CPU的底部）。

4）CPU的扩展功能

S7-1200 PLC提供了各种模块和插入式板，用于通过附加I/O或其他通信协议来扩展CPU的功能，如图4-1-3所示。

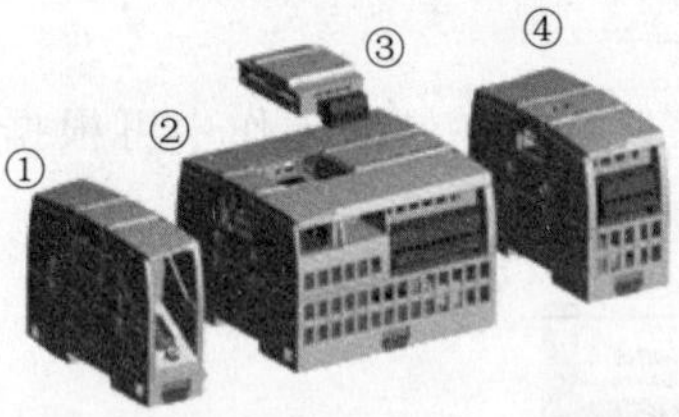

图 4-1-3　S7-1200 PLC 扩展模块

（1）通信模块（CM）、通信处理器（CP）或TS适配器。

（2）CPU。

（3）信号板（SB）或通信板（CB）。

（4）信号模块（SM）。

S7-1200 PLC最多只能添加一个扩展模块，CPU最多可连接8个信号模块和3个通信模块。

2．安装博途软件TIA Portal V15.1

安装文件包如图4-1-4所示，为了避免安装时出现未知的问题，该文件夹保存的路径不可有中文。

1）Windows系统准备

本任务内容针对采购回来的主机系统状态编写，不同批次的设备可能不同，请根据安装博途软件时提示的问题，如图4-1-5所示，自行解决。

打开博途安装系统需求文件夹，双击补丁Windows6.1-KB3033929-x64，系统将自动安装该补丁，如图4-1-6和图4-1-7所示。

安装完成后，提示重启计算机完成安装，按照提示操作即可，计算机重启完成后，关闭Windows防火墙，关闭所有杀毒软件，关闭所有正在运行的应用程序软件。

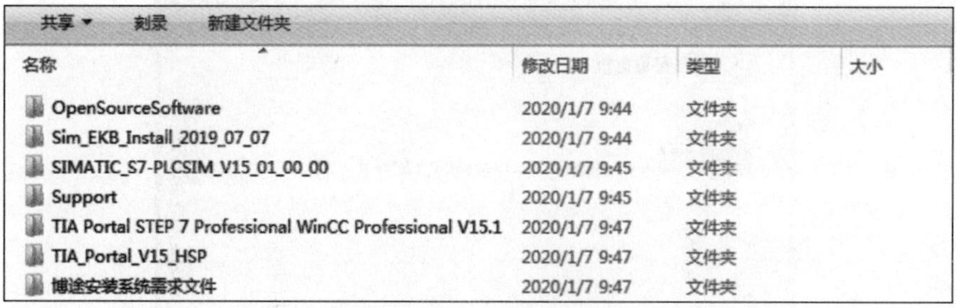

图 4-1-4　安装文件包

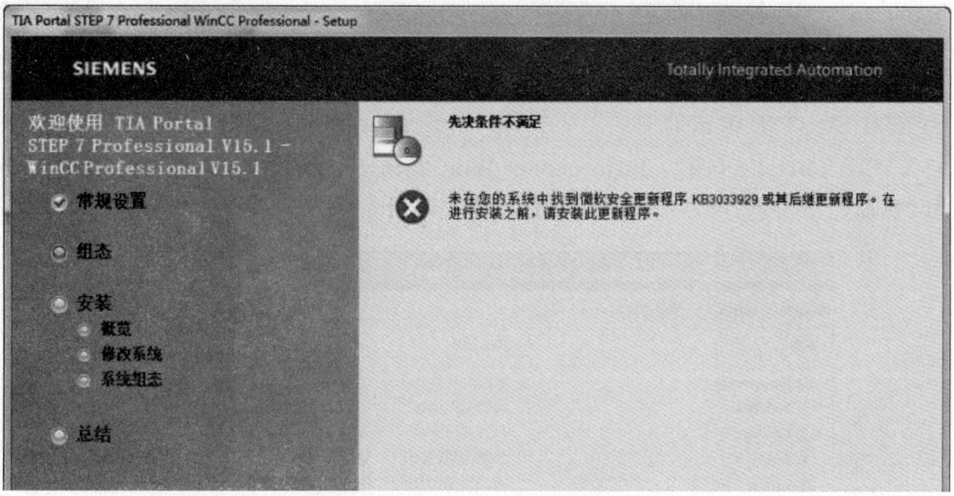

图 4-1-5　安装 TIA 博途软件

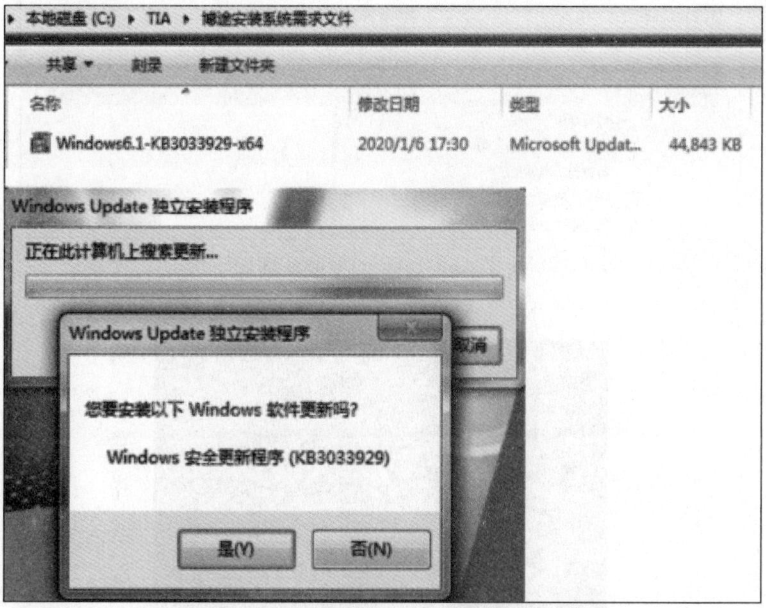

图 4-1-6　确定是否进行 Windows 软件更新

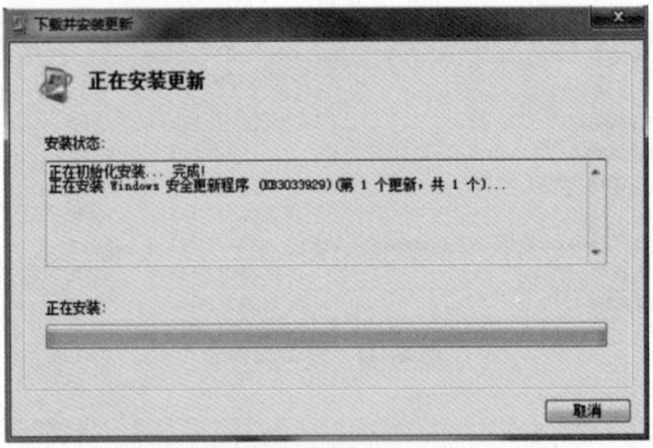

图 4-1-7　下载并安装更新

2）安装 Step7 和 WinCC

打开 TIA Portal STEP 7 Professional WinCC Professional V15.1 文件夹，右击 Start，选择“以管理员身份运行”，开始安装，如图 4-1-8 和图 4-1-9 所示。

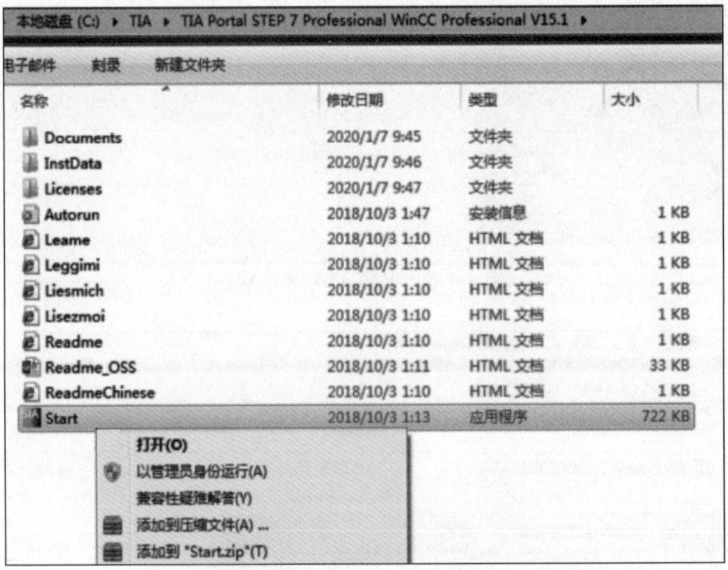

图 4-1-8　安装 TIA 博途软件

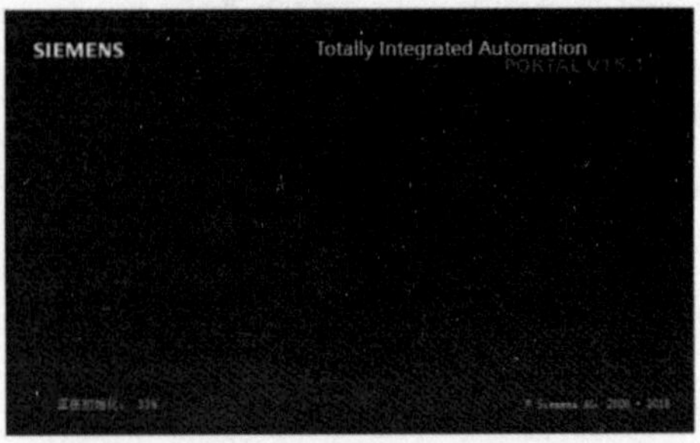

图 4-1-9　软件安装初始化

进行到如图 4-1-10 所示步骤时，选择“典型(T)”，其他勾选框和路径保持默认，单击“下一步”按钮。

再次确认软件安装信息，如图 4-1-11 所示。

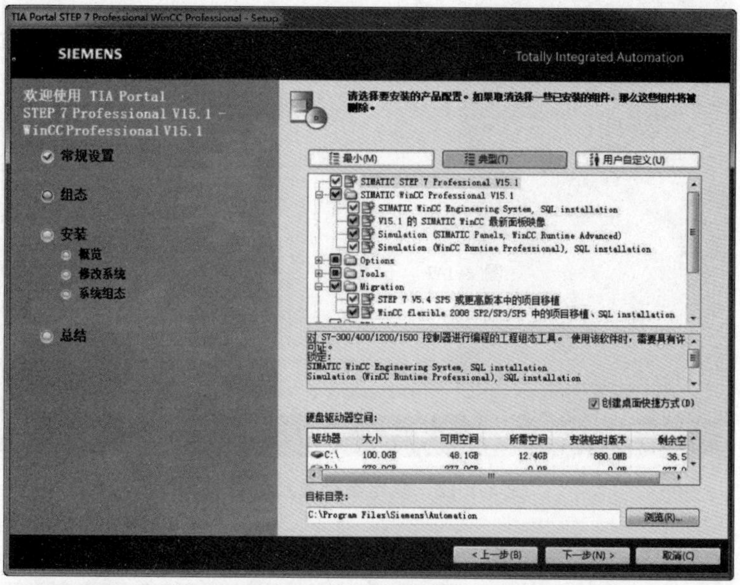

图 4-1-10　安装设置

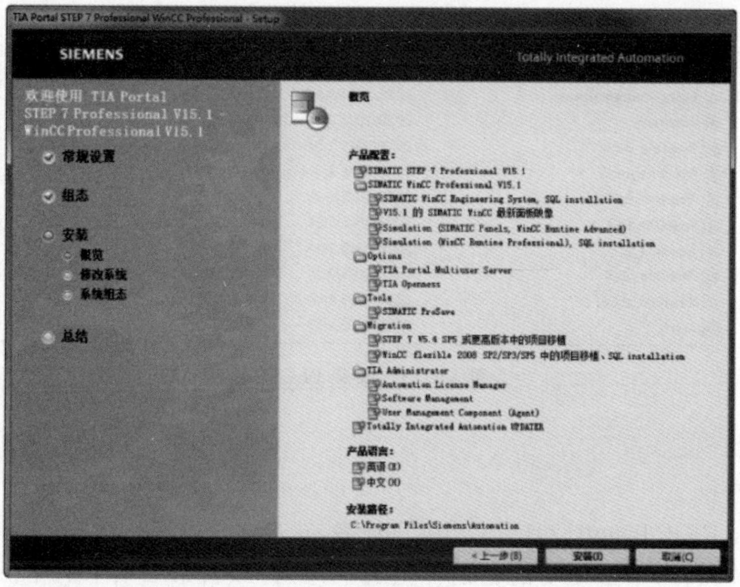

图 4-1-11　安装概览

软件安装将持续较长时间，期间可能会有数次提示重启计算机，按提示进行操作即可，如图 4-1-12 所示。

3）安装 PLCSIM

打开 SIMATIC_S7-PLCSIM_V15_01_00_00 文件夹，如图 4-1-13 所示，按照提示安装

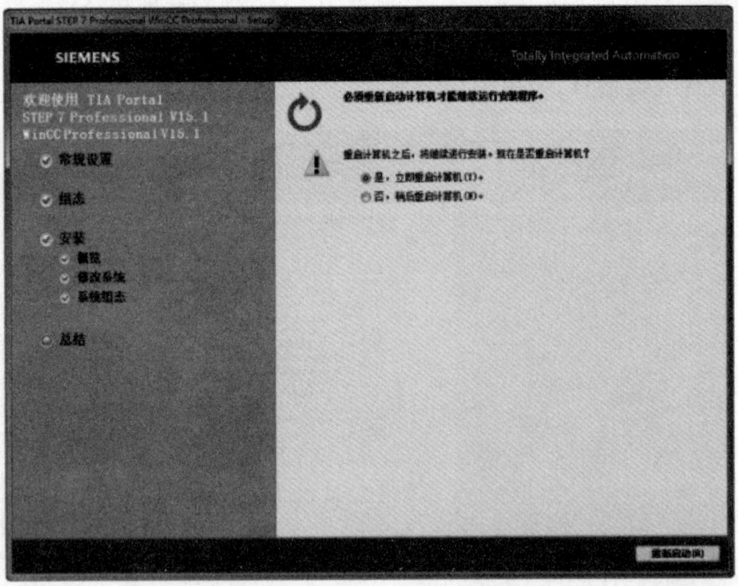

图 4-1-12　确定是否重启计算机

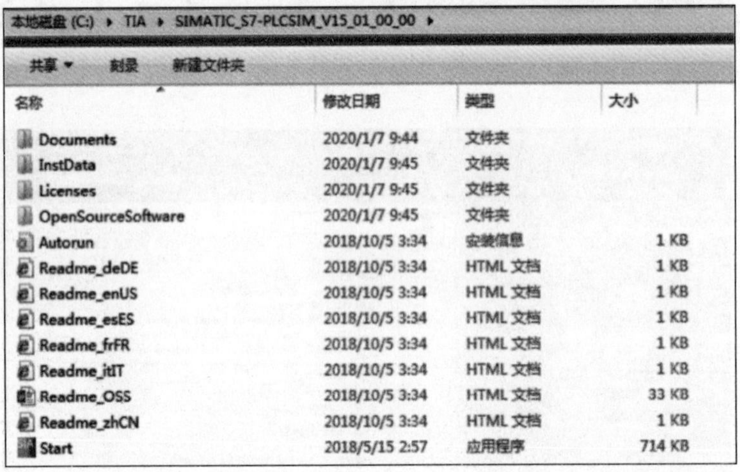

本地磁盘 (C:) ▸ TIA ▸ SIMATIC_S7-PLCSIM_V15_01_00_00 ▸
共享 ▾ 刻录 新建文件夹
名称 修改日期 类型 大小
Documents 2020/1/7 9:44 文件夹
InstData 2020/1/7 9:45 文件夹
Licenses 2020/1/7 9:45 文件夹
OpenSourceSoftware 2020/1/7 9:45 文件夹
Autorun 2018/10/5 3:34 安装信息 1 KB
Readme_deDE 2018/10/5 3:34 HTML 文档 1 KB
Readme_enUS 2018/10/5 3:34 HTML 文档 1 KB
Readme_esES 2018/10/5 3:34 HTML 文档 1 KB
Readme_frFR 2018/10/5 3:34 HTML 文档 1 KB
Readme_itIT 2018/10/5 3:34 HTML 文档 1 KB
Readme_OSS 2018/10/5 3:34 HTML 文档 33 KB
Readme_zhCN 2018/10/5 3:34 HTML 文档 1 KB
Start 2018/5/15 2:57 应用程序 714 KB

图 4-1-13　安装 PLCSIM

PLCSIM 软件。

4) 安装授权

打开 Sim_EKB_Install_2019_07_07 文件夹，双击 Sim_EKB_Install_2019_07_07.exe 打开授权安装软件，单击需要的密钥→全选→序列号码，第二项中的年份 2020 修改为 2050，单击“安装长密钥”按钮，安装成功后，如图 4-1-14 所示。

打开 Automation License Manager 软件，如图 4-1-15 所示，单击 Windows(C:)，在右侧窗口中，右击 Select All，再右击 Check。

如果授权安装成功，则会显示如图 4-1-16 所示界面，博途 V15.1 安装成功，可以打开博途软件开始编程和调试了。

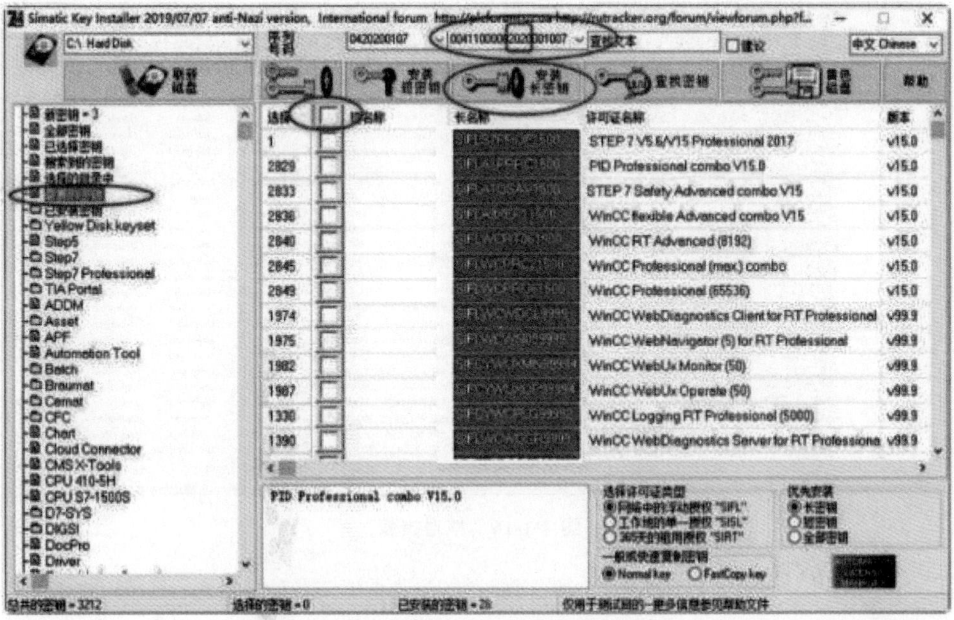

图 4-1-14　安装授权

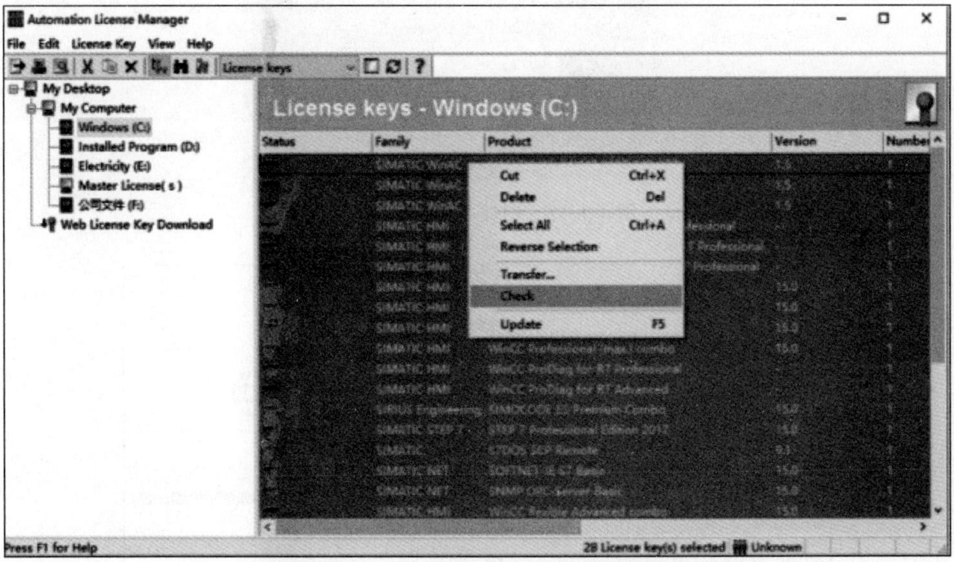

图 4-1-15　西门子 SIMATIC 系列产品定位

3. 程序文件加载前的准备工作

准备好 1 根标准网线，1 台安装了 TIA Portal V15.1 的计算机，下面以 Windows 10 系统为例说明。

(1) 打开网络设置→更改适配器选项，找到计算机有线网卡所在的网络（以太网），如图 4-1-17～图 4-1-19 所示。

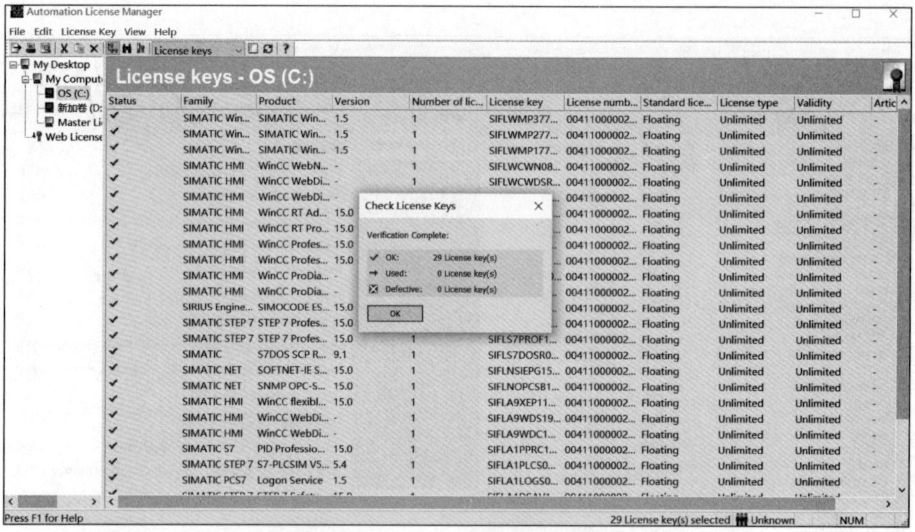

图 4-1-16 核对授权

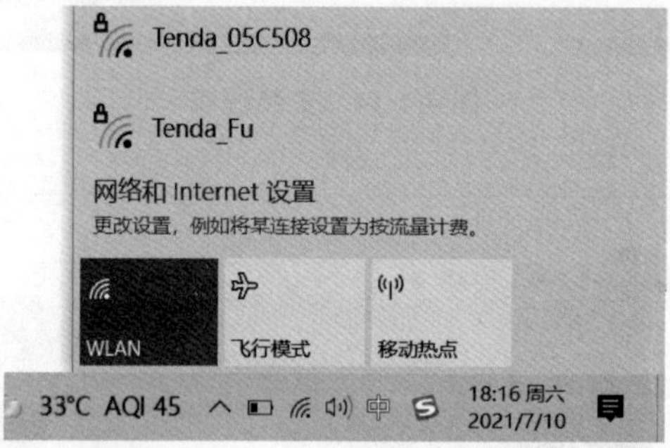

图 4-1-17 网络和 Internet 设置

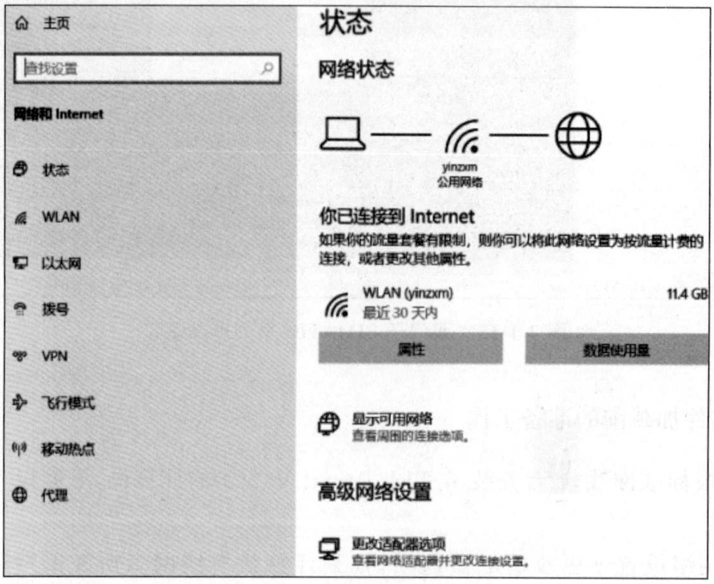

图 4-1-18 更改适配器选项

图 4-1-19　以太网

（2）右击以太网，如图 4-1-20 所示，选择“属性”命令，打开“以太网属性”对话框，如图 4-1-21 所示，选择 Internet 协议版本 4（TCP/IPv4）。

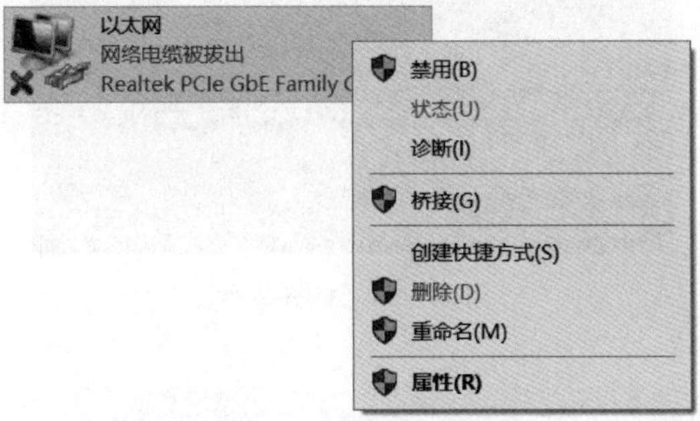

图 4-1-20　以太网属性

（3）设置 IP 地址，如图 4-1-22 所示，单击“确定”按钮。

图 4-1-21　Internet 协议版本 4（TCP/IPv4）

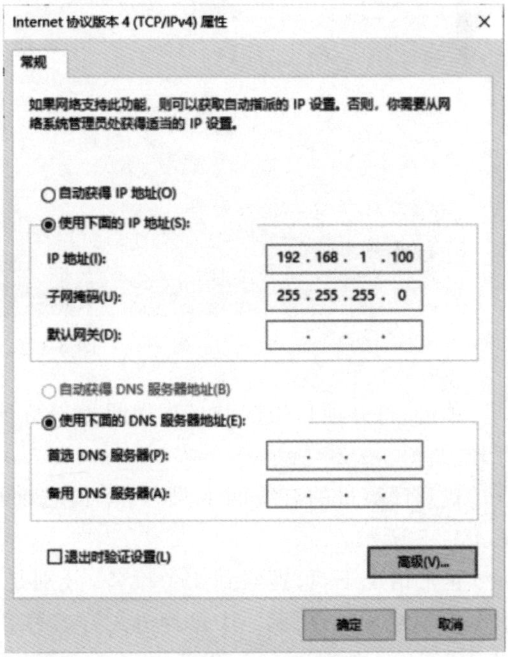

图 4-1-22　设置 IP 地址

（4）将网线一端连接计算机的网口，一端连接设备抽屉里 PLC 上的空闲网口或交换机的空闲网口。

4. 使用 TIA Portal V15.1 设置设备的名称和 IP 地址

打开 TIA Portal V15.1 软件，在最近使用的文件中，找到 A 型或 B 型平台的项目。若在最近使用的文件中，没有项目，则单击“浏览”按钮，找到项目所在位置后打开，如图 4-1-23 和图 4-1-24 所示。

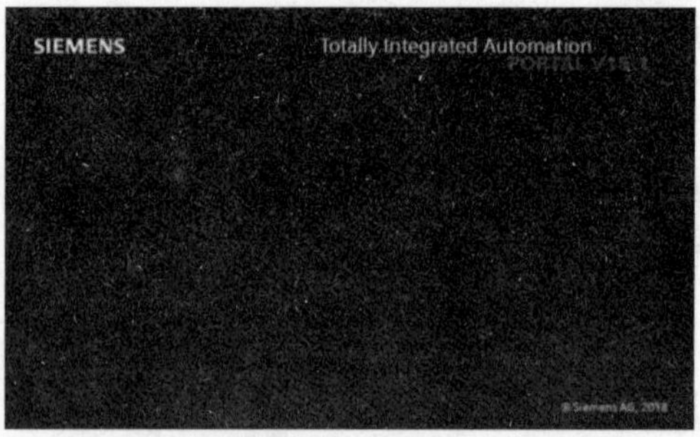

图 4-1-23　打开软件

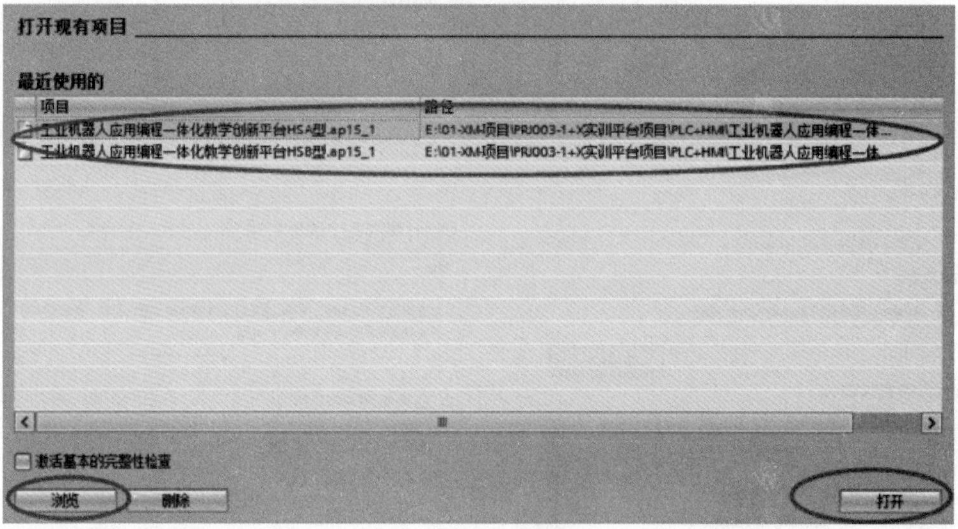

图 4-1-24　打开项目

单击“打开项目视图”按钮，如图 4-1-25 所示。找到左侧项目树中的“在线访问”并单击打开，如图 4-1-26 所示。

找到计算机的有线网卡型号，单击它前面的小三角形，再双击更新可访问的设备，如图 4-1-27 所示。

正常情况下，可搜索到 4 个设备，分别是 PLC、HMI、远程 I/O 模块和 RFID 模块。由于本任务编写时，用到一个已经分配好名称和 IP 地址的设备，因此图中显示了设备的名称和 IP 地址。当调试一台全新设备时，搜索结果应该是“可访问的设备[28-63-36-C4-4E-6A]”的形式，后半部分的数字为设备的物理地址，如图 4-1-28 所示。双击“在线和诊断”，如

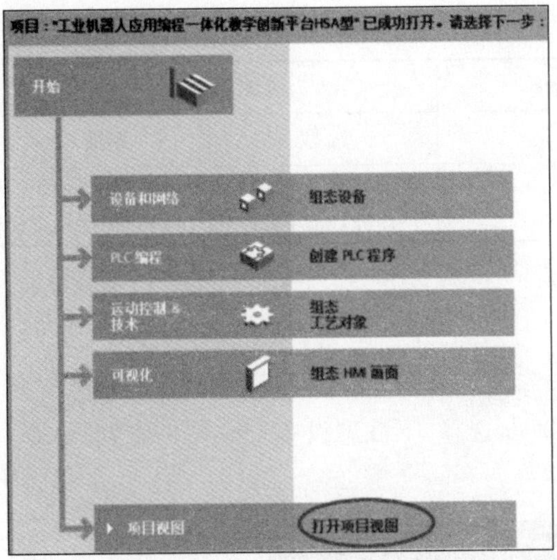

图 4-1-25　打开项目视图

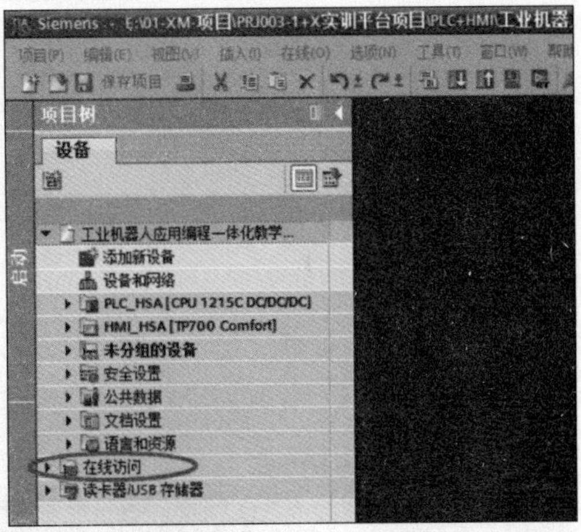

图 4-1-26　在线访问

图 4-1-29 所示，进入该设备的设置界面。

图 4-1-27　更新可访问的设备

图 4-1-28　显示更多内容

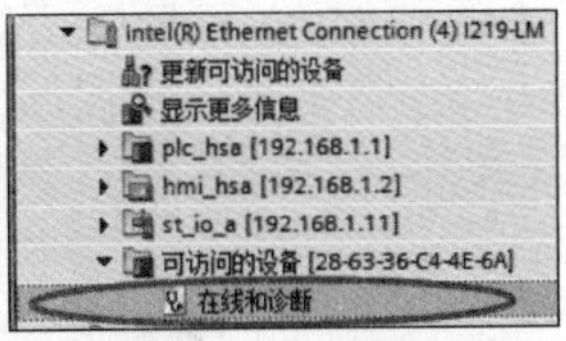

图 4-1-29　在线和诊断

找到“功能”→“分配 PROFINET 设备名称”，查看设备类型，如图 4-1-30 所示。

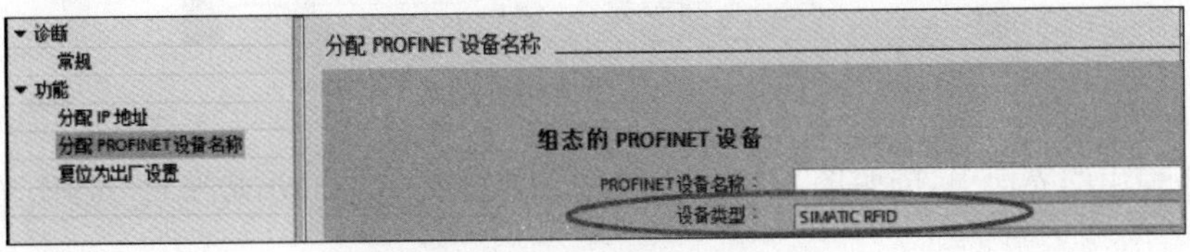

图 4-1-30　查看设备类型

请将对应的设备类型，按照表 4-1-1 依次分配好设备名称和 IP 地址，分配成功后，再次双击“更新可访问的设备”，将会显示设备的名称和 IP 地址。

表 4-1-1　分配设备名称和 IP 地址

设备类型	分配 PROFIET 设备名称		分配 IP 地址	
	A 型	B 型	A 型	B 型
S7-1200	plc_hsa	plc_hsa	192.168.1.1	192.168.1.5
TP700 Comfort	hmi_hsa	hmi_hsb	192.168.1.2	192.168.1.6

续表

设 备 类 型	分配 PROFIET 设备名称		分配 IP 地址	
	A 型	B 型	A 型	B 型
ET200SP	st_io_a	st_io_b	192.168.1.11	192.168.1.15
SIMATIC RFID	rfid_a	rfid_b	192.168.1.12	192.168.1.16

5. 程序文件加载

1）下载 PLC 硬件配置

（1）右击 PLC_HSA[CPU 1215CDC/DC/DC]，选择“下载到设备”→“硬件配置”命令，如图 4-1-31 所示。

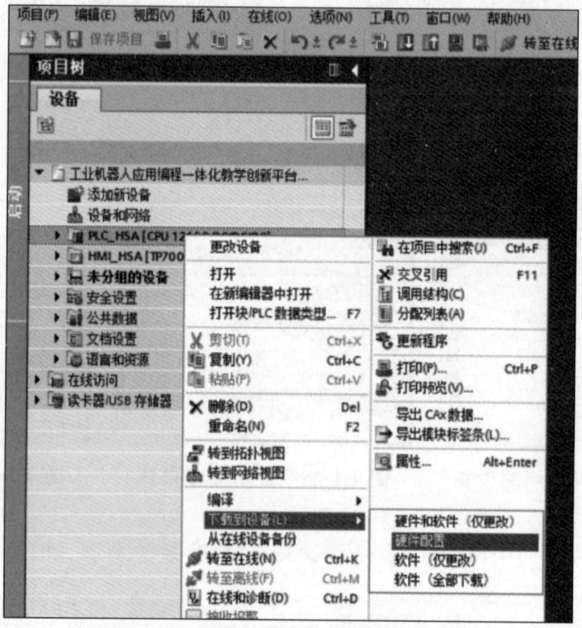

图 4-1-31 下载硬件配置

（2）在弹出的界面中，按照图 4-1-32 设置好连接参数，单击“开始搜索”按钮，如图 4-1-32 所示。

（3）选中搜索到的 PLC，单击“下载”按钮，TIA 软件自动对硬件配置进行编译，如图 4-1-33 所示。

（4）待系统自动编译完成且无错误时，在图 4-1-34 中单击“全部停止”→“装载”按钮。

（5）装载完成后，选择启动模块，单击“完成”按钮，如图 4-1-35 所示。

2）下载 PLC 程序

（1）右击 PLC_HSA[CPU1215CDC/DC/DC]，选择“下载到设备”→“软件(全部下载)”命令，如图 4-1-36 所示，系统自动对 PLC 程序进行编译。

（2）下载时需要全部停止设备后进行装载，下载到设备后在“下载结果”对话框中选择启动模块，最后单击“完成”按钮，如图 4-1-37 所示。

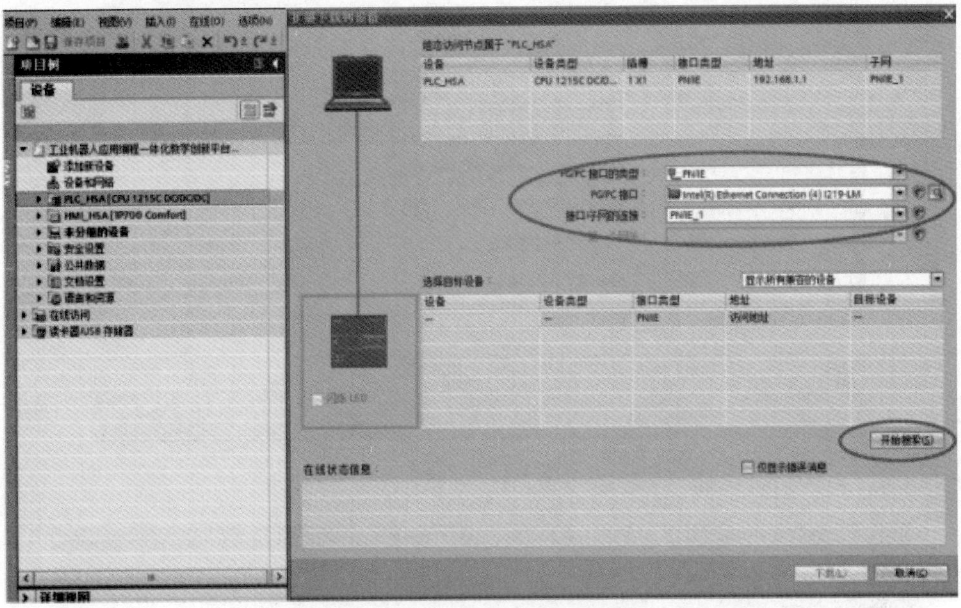

图 4-1-32　开始搜索目标设备

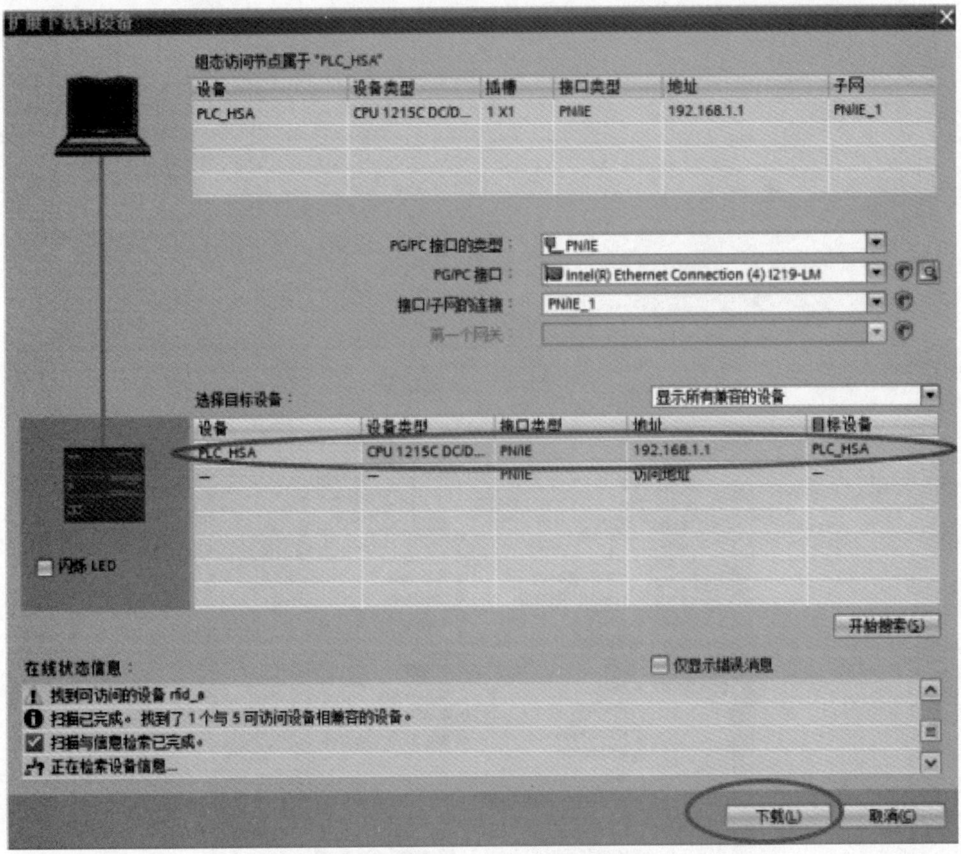

图 4-1-33　选择目标设备

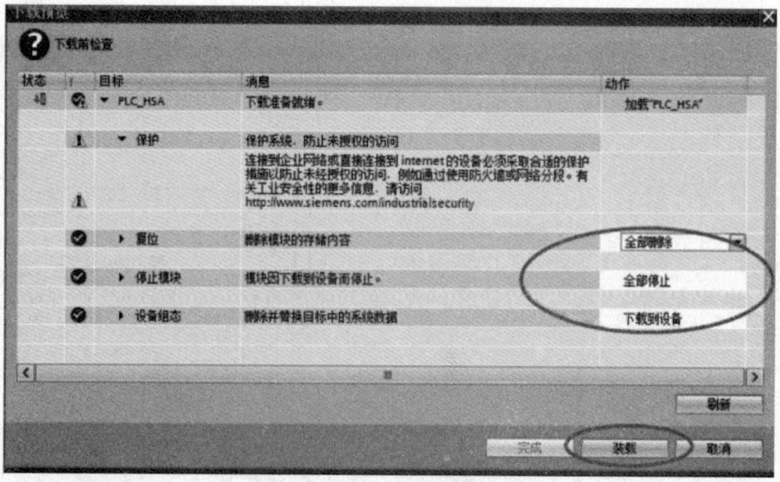

图 4-1-34　装载

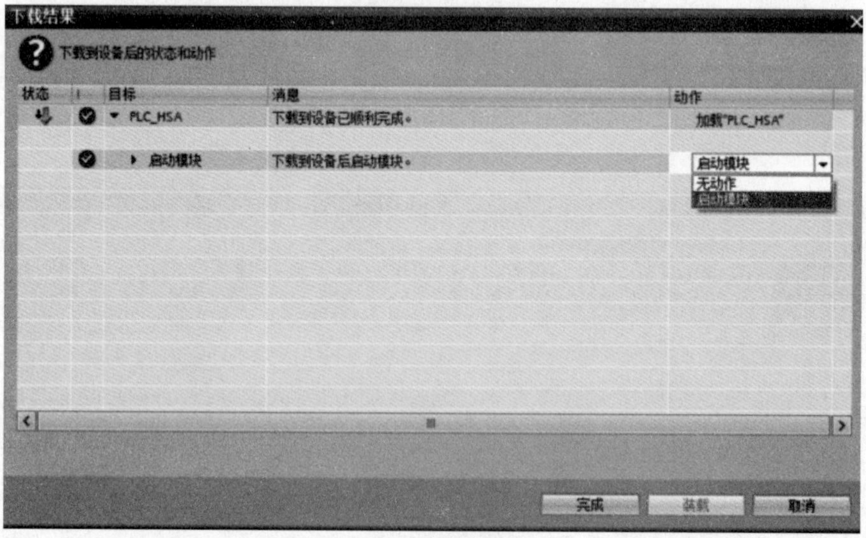

图 4-1-35　启动设备

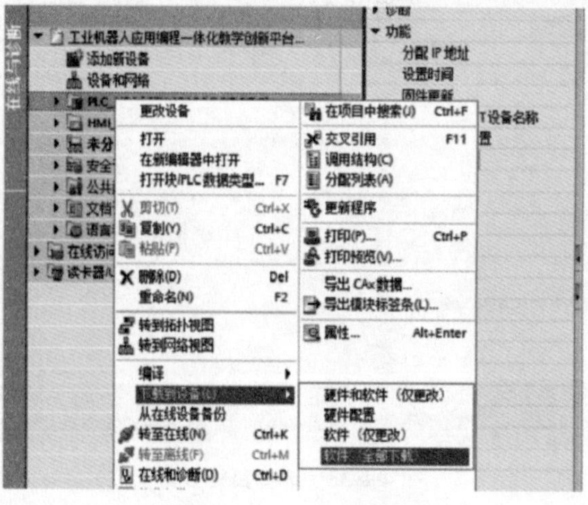

图 4-1-36　下载软件

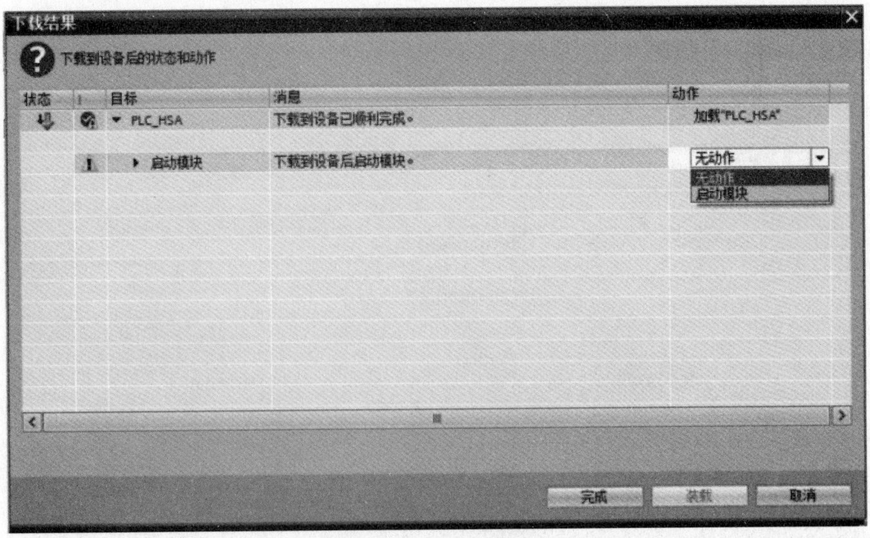

图 4-1-37　启动模块

3）下载 HMI 程序

（1）右击 HMI_HSA，选择“下载到设备”→“软件（全部下载）”命令，如图 4-1-38 所示。

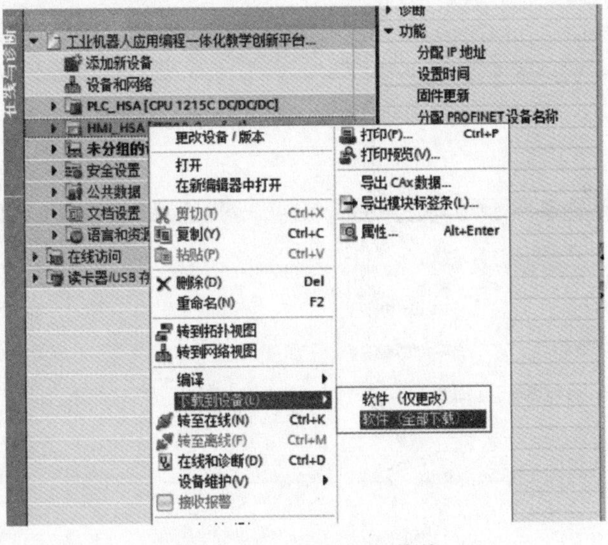

图 4-1-38　下载 HMI 软件

（2）在弹出的界面中设置 PG/PC 接口的类型、PG/PC 接口和接口/子网的连接参数，开始搜索 HMI 设备并下载搜索 HMI 设备，单击“下载”按钮，如图 4-1-39 所示。

（3）在下载预览界面中勾选“全部覆盖”单选按钮，然后单击“装载”按钮，如图 4-1-40 所示。

注意： 首次下载 HMI 程序时，第一次操作可能提示连接不成功，这时候需退出下载界面，按照上面的步骤重复一遍即可。

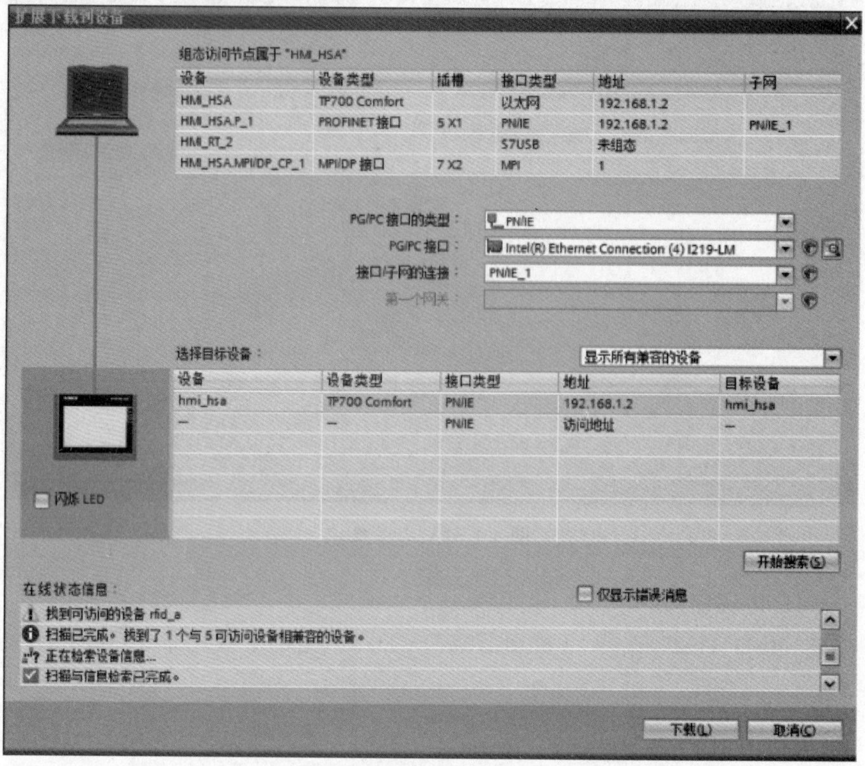

图 4-1-39　搜索 HMI 设备并下载

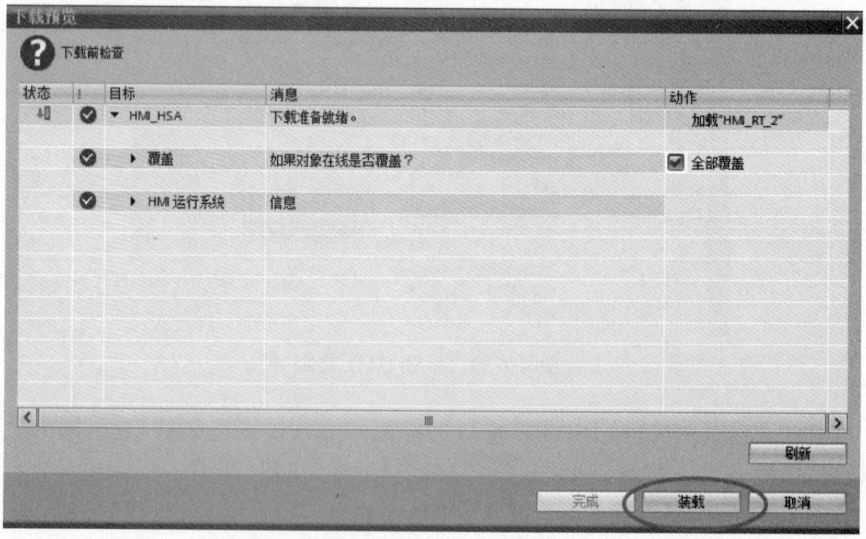

图 4-1-40　装载 HMI 程序

任务 4.2　井式供料及输送控制

任务 4.2
微课视频

任务 4.2
二维动画

学习目标

1. 知识目标

(1) 了解井式供料及皮带输送模块的构成。
(2) 掌握常用的 PLC 功能指令。

2. 能力目标

(1) 掌握井式供料及皮带输送模块的程序设计和调试。
(2) 掌握触摸屏控制井式供料及皮带输送模块设计方法。

3. 情感目标

(1) 能按现场 6S 管理的要求进行实验实训操作。
(2) 培养学生自主学习,与人合作探究的团队协作精神。

任务描述

(1) 在井式料仓中有减速器或法兰工件,程序自动运行时将工件自动推出,气缸伸出,则供料气缸将工件推出供料筒至输送带,供料气缸缩回,皮带输送启动,则将工件运输到检测位,检测到工件后皮带输送带停止运行。

(2) 点动触摸速度 V+1 按钮可增加皮带运行速度,点动触摸速度 V−1 按钮可降低皮带运行速度,每次点动触摸速度按钮增加或降低 1%系统速度,皮带速度显示值表示当前皮带速度相对满速的百分比,单击"复位"按钮,皮带速度恢复为系统默认值的 17%。

学习工作流程

学习活动 1:手动控制井式供料和输送模块。
学习活动 2:自动运行控制井式供料及输送模块。

相关知识

1. 井式供料和输送控制模块组成

井式供料和输送控制模块主要由推料气缸、物料检测传感器、气缸伸出和缩回检测磁性开关、皮带及皮带首端和末端检测传感器等组成,具体 IO 地址和功能如表 4-2-1 所示。

表 4-2-1 井式供料模块

序号	名 称	图 形	IO 地址	功 能
1	井式供料	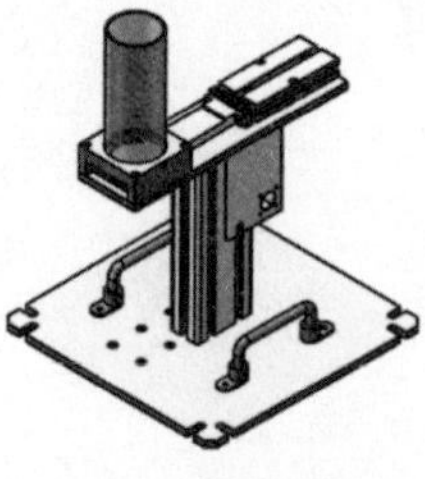	I0.5	供料筒内工件检测
			I0.6	井式供料气缸伸出到位
			I0.7	井式供料气缸缩回到位
			Q0.5	井式供料气缸伸出
			Q0.6	井式供料气缸缩回
2	皮带输送	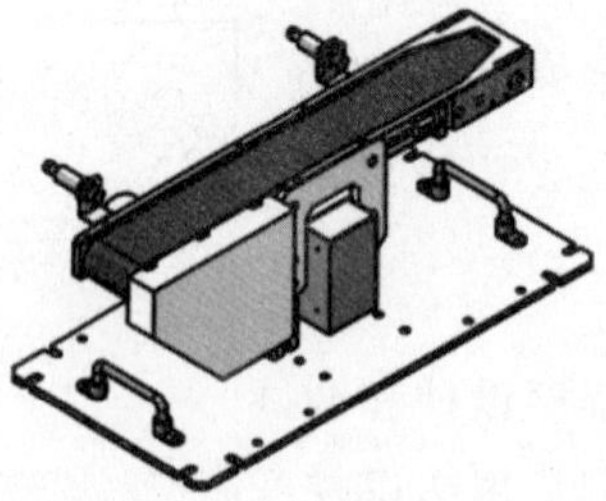	I1.0	皮带首端工件检测
			I0.4	皮带末端工件检测
			Q0.2	皮带启停
			AQ0	皮带调速数据字[0 27648]

2. 构建用户程序方法

创建用于自动化任务的用户程序时，需要将程序的指令插入代码块中。

组织块(OB)对应于 CPU 中的特定事件，并可中断用户程序的执行。用于循环执行用户程序的默认组织块(OB1)，为用户程序提供基本结构，是唯一一个用户必需的代码块。如果程序中包括其他 OB，这些 OB 会中断 OB1 的执行。其他 OB 可执行特定功能，如用于启动任务、用于处理中断和错误或者用于按特定的时间间隔执行特定的程序代码。

功能块(FB)是从另一个代码块(OB、FB 或 FC)进行调用时执行的子例程。调用块将参数传递到 FB，并标识可存储特定调用数据或该 FB 实例的特定数据块(DB)。更改背景 DB 可使通用 FB 控制一组设备的运行。例如，借助包含每个泵或阀门的特定运行参数的不同背景 DB，一个 FB 可控制多个泵或阀。

功能(FC)是从另一个代码块(OB、FB 或 FC)进行调用时执行的子例程。FC 不具有相关的背景 DB，调用块将参数传递给 FC，FC 中的输出值必须写入存储器地址或全局 DB 中。

为用户程序选择结构类型，根据实际应用要求，可选择线性结构或模块化结构用于创建用户程序，如图 4-2-1 所示。

1）线性程序按顺序逐条执行用于自动化任务的所有指令

通常，线性程序将所有程序指令都放入用于循环执行程序的 OB(OB1)中。

2）模块化程序调用可执行特定任务的特定代码块

要创建模块化结构，需要将复杂的自动化任务划分为与过程的工艺功能相对应的更小的次级任务。每个代码块都为每个次级任务提供程序段，通过从另一个块中调用其中一个代码块来构建程序。

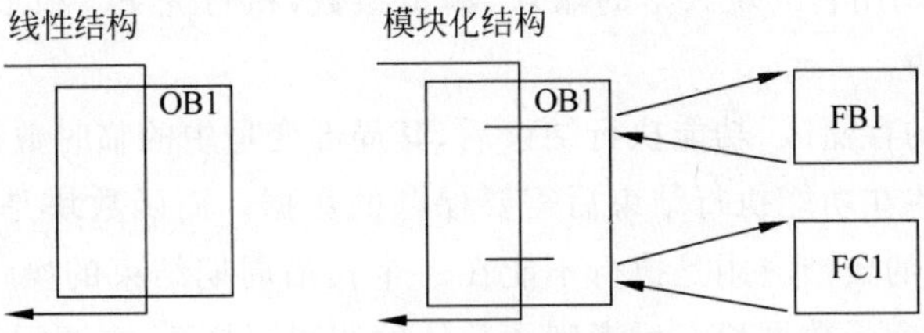

图 4-2-1　程序结构类型

3）结构化程序

通过设计 FB 和 FC 执行通用任务，可创建模块化代码块，然后可通过由其他代码块调用这些可重复使用的模块来构建程序，调用块将设备特定的参数传递给被调用块，如图 4-2-2 所示。

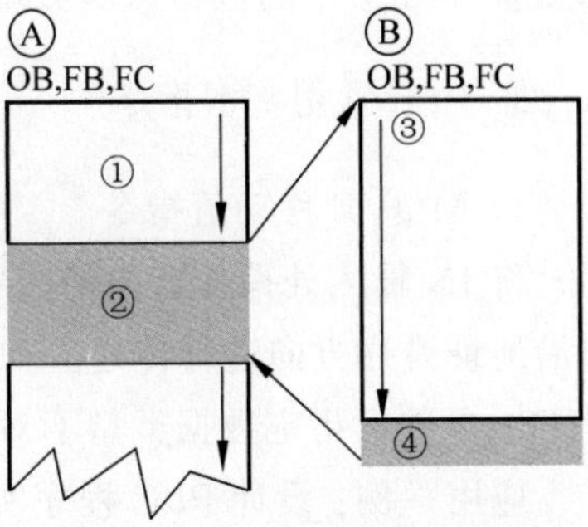

图 4-2-2　调用代码块构建程序

A 调用块。

B 被调用(或中断)块。

① 程序执行。

② 可调用其他块的操作。

③ 程序执行。

④ 块结束(返回到调用块)。

当一个代码块调用另一个代码块时，CPU 会执行被调用块中的程序代码。执行完被调用块后，CPU 会继续执行调用块。继续执行该块调用之后的指令。可嵌套块调用以实现更加模块化的结构化程序，如图 4-2-3 所示。

① 循环开始。

② 深度嵌套。

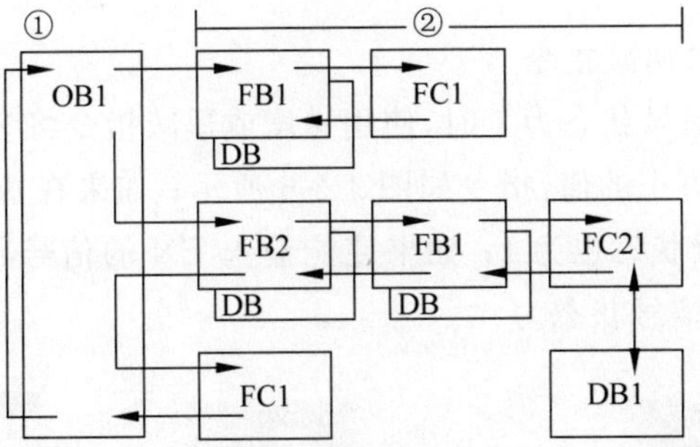

图 4-2-3　深度嵌套调用代码块构建结构化程序

4）函数 FC 与函数块 FB 区别

函数(function，FC，又称为功能)和函数块(function block，FB，又称为功能块)都是用户编写的程序块，类似于子程序功能，它们包含完成特定任务的程序。用户可以将具有相同或相近控制过程的程序编写在 FC 或 FB 中，然后在主程序 OB1 或其他程序块(包括组织块、函数和函数块)中调用 FC 或 FB。

FC或FB有与调用它的块共享的输入、输出参数，执行完FC和FB后，将执行结果返回给调用它的程序块。

函数没有特定的存储区，功能执行结束后，其局部变量中的临时数据就丢失了。可以用全局变量来存储那些在功能执行结束后需要保存的数据。而函数块是有自己的存储区（背景数据块）的块，FB的典型应用是执行不能在一个扫描周期结束的操作。每次调用功能块时，都需要指定一个背景数据块。后者随函数块的调用而打开，在调用结束时自动关闭。函数块的输入、输出参数和静态变量（static）用指定的背景数据块保存，但是不会保存临时局部变量（temp）中的数据。函数块执行完后，背景数据块中的数据不会丢失。

3. PLC常用基本指令

1）MOVE移动值指令

将IN输入处操作数中的内容传送给OUT1输出的操作数中，如图4-2-4所示，并且始终沿地址升序方向进行传送。如果使能输入EN的信号状态为0或IN参数的数据类型与OUT1参数的指定数据类型不对应，则使能输出ENO将返回信号状态0。

应用举例：设计PLC程序实现皮带输送工件时皮带速度为设定计算的速度值，皮带停止则速度为0，参考程序如图4-2-5所示。

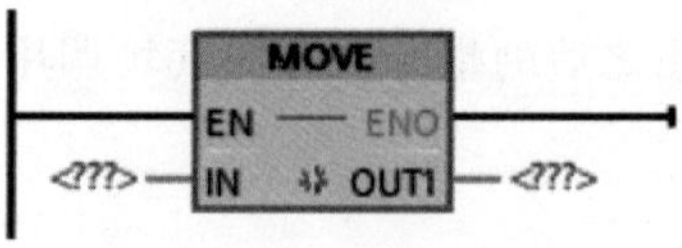

图4-2-4 MOVE移动值指令

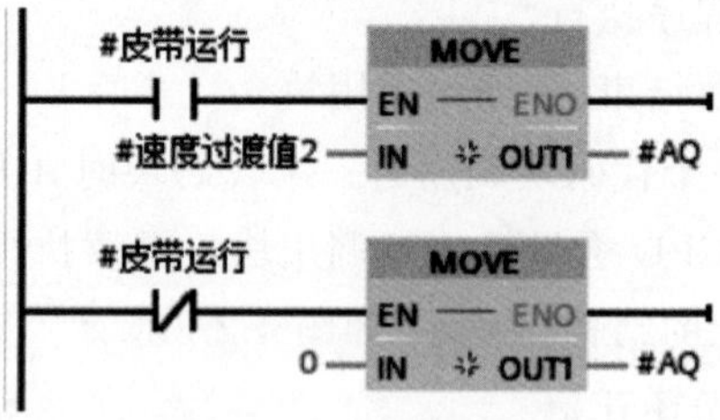

图4-2-5 速度输出

2）INC递增和DEC递减指令

在使能输入EN的信号状态为1时，使用递增或递减指令将参数IN/OUT中操作数的值更改为下一个更大或更小的值，指令如图4-2-6所示；如果在执行期间未发生溢出错误，则使能输出ENO的信号状态也为1；如果使能输入EN的信号状态为0或浮点数的值无效，则使能输出ENO的信号状态为0。

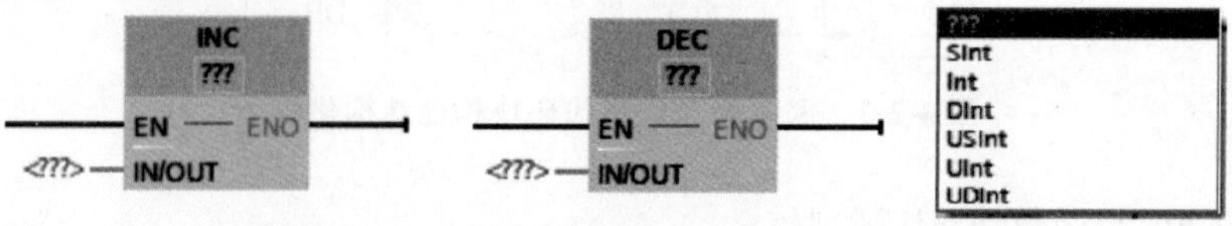

图4-2-6 INC和DEC指令及数据类型

应用举例：设计速度设置PLC程序，按下“加速”按钮实现速度增大，按下“减速”按钮实现速度减小，参考程序如图4-2-7所示。

3）NORM_X 标准化和 SCALE_X 缩放指令

NORM_X 标准化指令可以将输入 VALUE 中变量的值映射到线性标尺对其进行标准化，SCALE_X 缩放指令通过将输入 VALUE 的值映射到指定的值范围内对该值进行缩放，具体使用如表 4-2-2 所示，可以使用参数 MIN 和 MAX 定义（应用于该标尺的）值范围的限值。

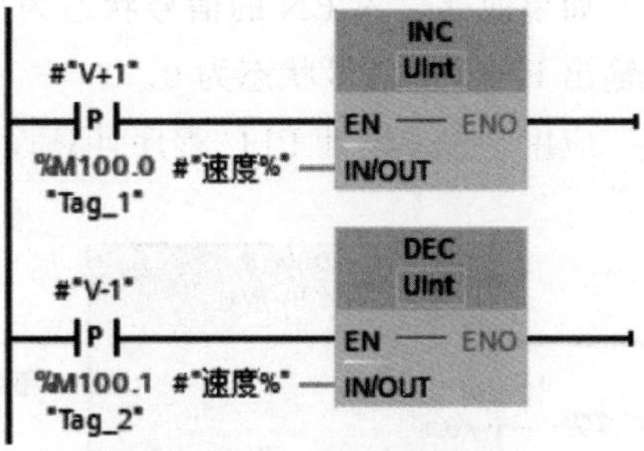

图 4-2-7　速度设置

当执行标准化指令时，输出 OUT 中的结果经过计算并存储为浮点数，这取决于要标准化的值在该值范围中的位置；如果要标准化的值等于输入 MIN 中的值，则输出 OUT 将返回值“0.0”；如果要标准化的值等于输入 MAX 的值，则输出 OUT 需返回值“1.0”。

当执行缩放指令时，输入 VALUE 的浮点值会缩放到由参数 MIN 和 MAX 定义的值范围，缩放结果为整数，存储在 OUT 输出中；如果要缩放的值等于输入“0.0”中的值，则输出 OUT 将返回值 MIN；如果要缩放的值等于输入“1.0”中的值，则输出 OUT 需返回值 MAX。

表 4-2-2　NORM_X 标准化和 SCALE_X 缩放指令

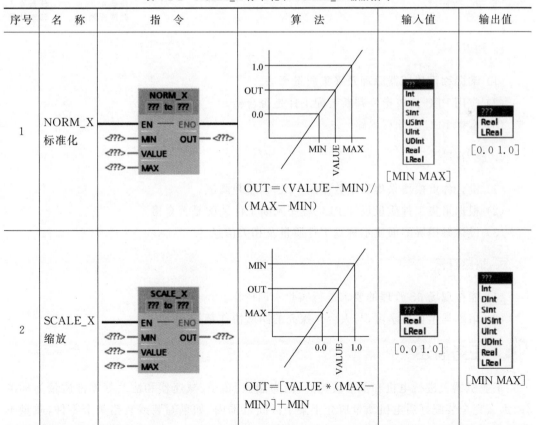

序号	名　称	指　令	算　法	输入值	输出值
1	NORM_X 标准化	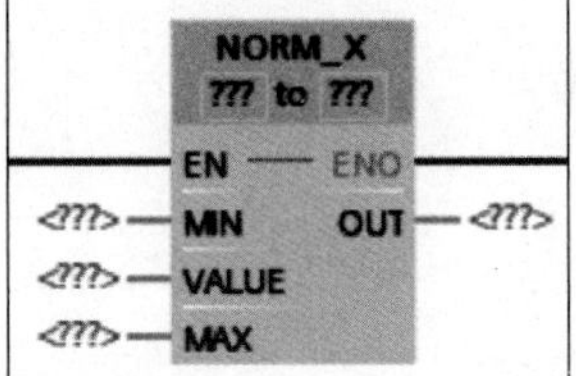	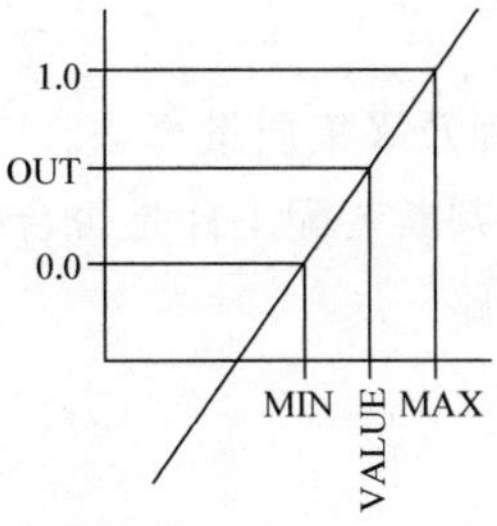 OUT=(VALUE−MIN)/(MAX−MIN)	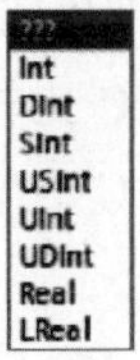 [MIN MAX]	 [0.0 1.0]
2	SCALE_X 缩放	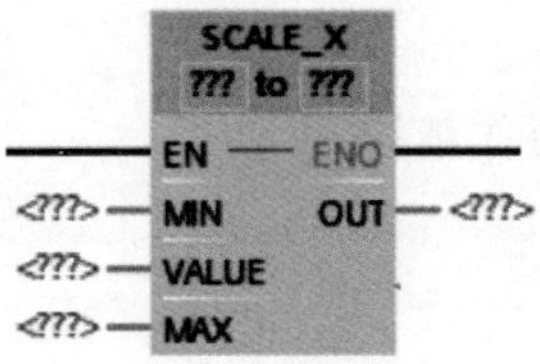	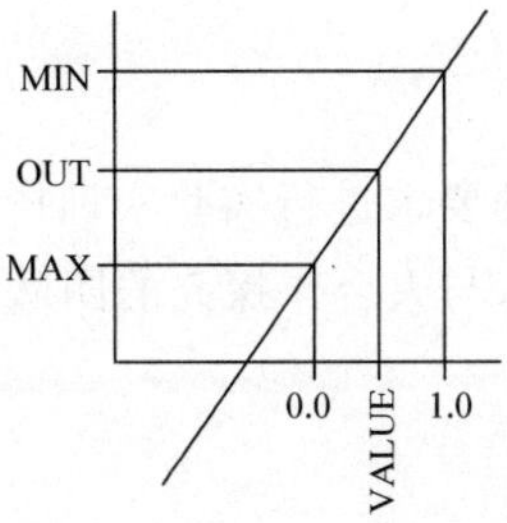 OUT=[VALUE * (MAX−MIN)]+MIN	 [0.0 1.0]	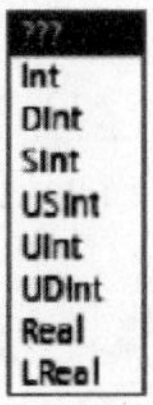 [MIN MAX]

如果使能输入 EN 的信号状态为 0 或输入 MIN 的值大于或等于输入 MAX 的值，则使能输出 ENO 的信号状态为 0。

应用举例：设计 PLC 程序计算设置好的系统速度，参考程序如图 4-2-8 所示。

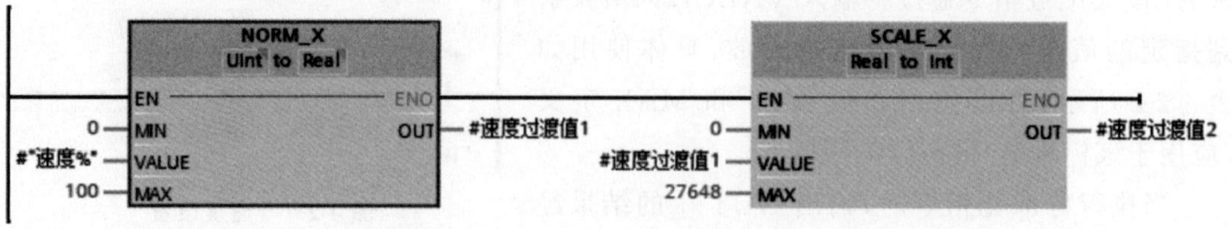

图 4-2-8 计算系统速度

任务 4.3 称重模块数据显示

任务 4.3 微课视频

任务 4.3 二维动画

学习目标

1. 知识目标

(1) 掌握称重传感器原理及采集质量算法。
(2) 应用 PLC 比较指令判断装配工件是否合格。
(3) 掌握 PLC 的编程思路。

2. 能力目标

(1) 设计称重模块采集质量数据的 PLC 程序并调试。
(2) 根据采集工件质量设计 PLC 程序判断工件装配是否合格。
(3) 设计触摸屏界面显示称重工件质量及相关信息。

3. 情感目标

(1) 能按现场 6S 管理的要求进行实验实训操作。
(2) 培养学生自主学习，与人合作探究的团队协作精神。

任务描述

工业机器人进行电机和关节装配时，因为端盖、转子、减速器和法兰等零件质量为标准件，那么完全装配好后电机质量应介于某个区间范围内，如果漏装或装错某个零件，质量不在正常区间范围内即为不合格产品，通过称重模块测量被测工件质量，从而判断工件是否合格极大提高了检测效率。

学习工作流程

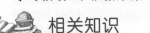

学习活动 1：编写 PLC 程序和 HMI 界面正确采集工件质量。

学习活动 2：根据采集工件质量判断工件装配是否合格。

相关知识

1. 称重模块

称重传感器称重区域不大于 ϕ68mm，感应范围为 0～2000g，输出电压信号为 0～10V，超负载可导致重力传感器不可恢复损坏。称重传感器感应值由 PLC 接收并显示在触摸屏上，拿走称重台上的杂物，正常情况下无负载重量显示应为 0，若不为 0，重新校准零点，如图 4-3-1 所示，可通过模块侧面的孔，使用一把小一字螺丝刀手动微调 ZERO 旋钮直到 HMI 上的值变为 0。

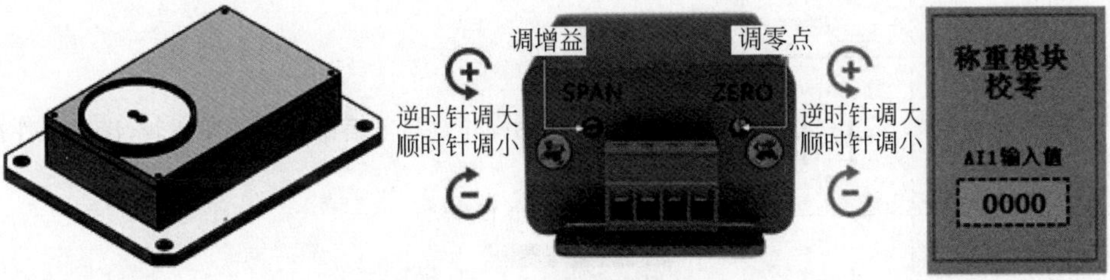

图 4-3-1　称重模块及调零

2. 称重算法

测量工件为 2000g 时，AI 模拟输入电压量为 10V，AI 数据字为满量程 27648，质量的求解算法如下：

$$质量=\frac{\text{AI 读出的值}}{27648}\times 2000(\text{g})$$

应用举例：通过称重传感器采集模拟电压，设计 PLC 程序计算工件质量。

根据算法分析可得，质量应该为实数，需要先把 AI 采集的 Int 数据转换成实数，再通过实数乘法乘以 2000.0，最后通过实数除法除以 27648.0 就可以得到称重质量，具体过程如图 4-3-2 所示。

3. PLC 比较指令

常用的比较指令有==、<>、>=、<=、>和< 6 种，操作数类型有 Int、Dint 和 Real 等类型，具体如表 4-3-1 所示。

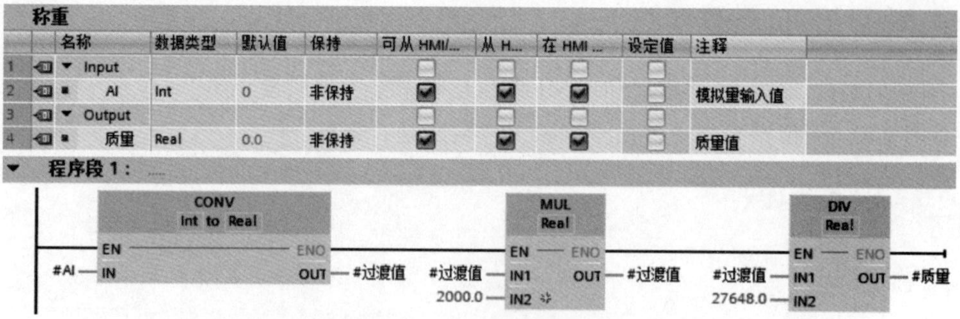

图 4-3-2　质量算法的程序

表 4-3-1　PLC 比较指令参数

序号	名　称	LAD	功能含义和操作数数据类型
1	等于	<???> == ??? <???>	
2	不等于	<???> <> ??? <???>	功能含义：上面的操作数与下面的操作数相比较，满足条件接通，不满足条件断开。 操作数数据类型如下。 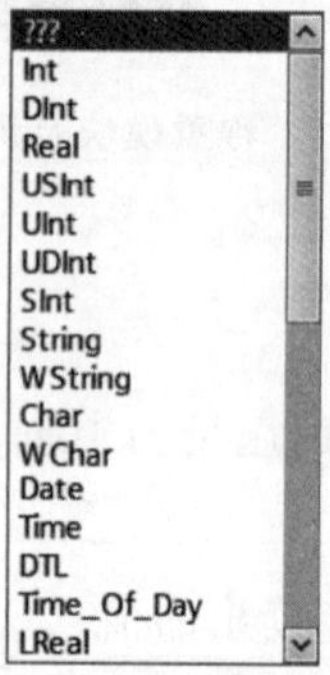??? Int DInt Real USInt UInt UDInt SInt String WString Char WChar Date Time DTL Time_Of_Day LReal
3	大于或等于	<???> >= ??? <???>	
4	小于或等于	<???> <= ??? <???>	
5	大于	<???> > ??? <???>	
6	小于	<???> < ??? <???>	

4. 实例

根据采集工件质量设计判断关节工件装配是否合格的 PLC 程序，合格装配关节工件质量为 313.4g，缺法兰的关节工件质量为 269g，缺减速器的关节工件质量为 273.9g，缺电机的关节工件质量为 261.6g，缺关节外壳的关节工件质量为 135.7g，参考程序如图 4-3-3 所示。

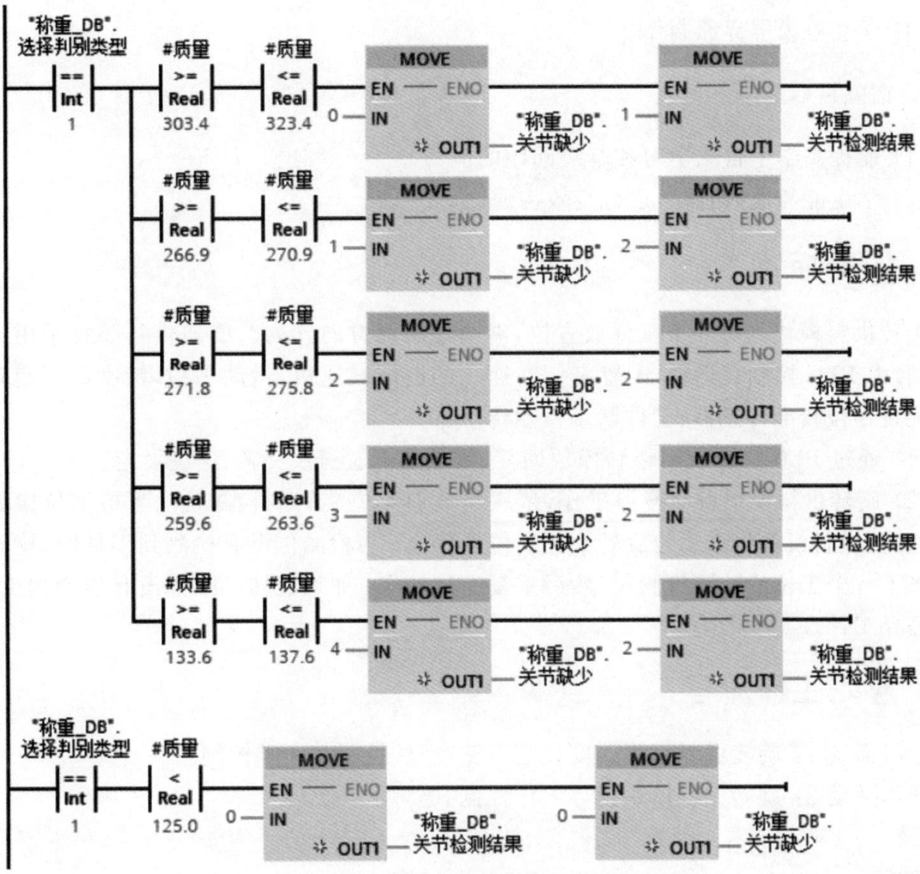

图 4-3-3 判断关节工件装配是否合格

任务 4.4 旋转供料模块的控制

任务 4.4 微课视频

任务 4.4 二维动画

学习目标

1. 知识目标

（1）了解步进电机的工作原理。

（2）使学生理解“轴”的工艺对象及作用。

（3）掌握运动控制指令 MC_Power、MC_Home、MC_Move Absolute 的应用。

2. 能力目标

（1）会在 TIA Portal V15.1 中创建 SIMATIC Ident 的工艺对象。

（2）会用运动控制指令 MC_Power、MC_Home、MC_Move Absolute 编写程序实现旋转料台的正转、反转和回零等。

(3) 学会触摸屏界面制作。

3. 情感目标

(1) 能提高学生自主学习和解决问题的能力。

(2) 学生能与他人合作,进行有效沟通。

任务描述

旋转供料模块具有 6 个工件放置位,沿圆盘圆周方向阵列。旋转供料装置采用步进电机驱动,由 PLC 控制其运动,配置 1∶80 速比的谐波减速机,运动平稳,精度高。旋转供料平台配置零位校准传感器、工件状态检测传感器。

(1) 通过 PLC 控制旋转供料模块回零、零点校准、正转、反转、速度设定。

(2) 旋转供料模块启动搜寻工作,依次将放料工位旋转到检测位。当检测位检测到工件时,旋转供料模块将该工位旋转到抓取位后停止;当检测位没有检测到工件时,旋转供料模块将下一个工位旋转到检测位,然后重复上述动作;如果旋转一圈都没有检测到工件,则停止搜寻工件。

学习工作流程

学习活动 1:旋转供料模块速度设定及正/反转控制和回零控制。

学习活动 2:旋转供料模块搜寻工作控制。

相关知识

1. 步进电机

步进电机是将电脉冲信号转变为角位移或线位移的开环控制元件,通过控制施加在电机线圈上的电脉冲顺序、频率和数量,可以实现对步进电机的转向、速度和旋转角度的控制。配合直线运动执行机构或齿轮箱装置,可以实现更加复杂、精密的线性运动控制要求。步进电机控制系统如图 4-4-1 所示。

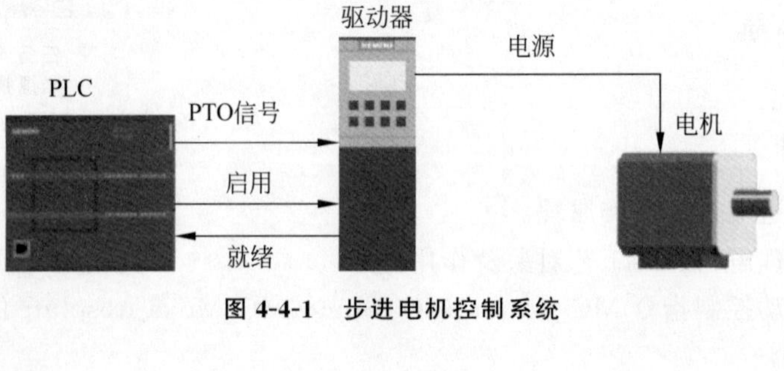

图 4-4-1 步进电机控制系统

2. 运动控制指令

通过控制面板,将用户组态轴的参数调试成功后,就可以根据工艺要求编写控制程序了。

1）MC_Power 系统使能指令块

轴在运动之前，必须使能指令块，其具体参数说明见表 4-4-1。

表 4-4-1 MC_Power 系统使能指令块的参数

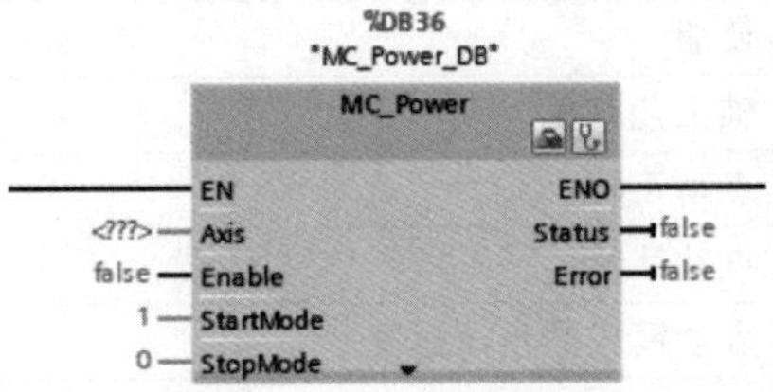

LAD	输入/输出	参数的含义
	EN	使能
	Axis	轴工艺对象
	Enable	为 1 时轴使能；为 0 时轴停止
	StartMode	0 启用位置不受控的定位轴； 1 启用位置受控的定位轴
	StopMode	模式 0 时，按照配置好的急停曲线停止
	Status	使能状态
	Error	错误

2）MC_Home 回参考点指令块

参考点在系统中有时作为坐标原点，这对于运动控制系统是非常重要的。回参考点指令块具体参数说明见表 4-4-2。

表 4-4-2 MC_Home 回参考点指令块的参数

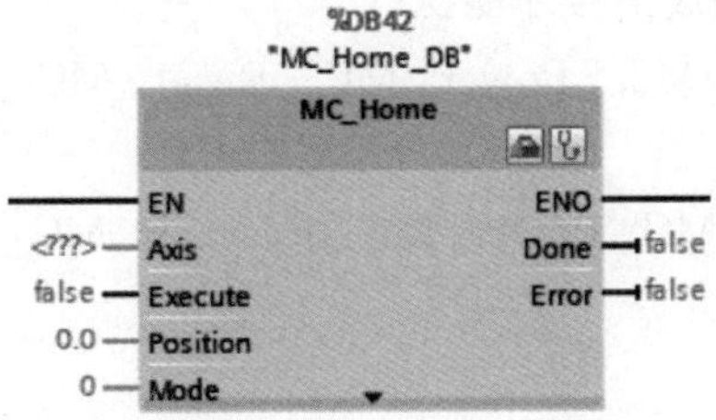

LAD	输入/输出	参数的含义
	EN	使能
	Axis	轴工艺对象
	Execute	上升沿时启动命令 1
	Position	完成回原点操作之后，轴的绝对位置
	Mode	0 绝对式直接归位；1 相对式直接归位； 2 被动回原点；3 主动回原点
	Done	命令已完成
	Error	错误

3）MC_MoveAbsolute 绝对定位轴指令块

该指令块使轴以某一速度进行绝对位置定位。MC_MoveAbsolute 绝对定位轴指令块具体参数说明见表 4-4-3。

表 4-4-3 MC_MoveAbsolute 绝对定位轴指令块参数

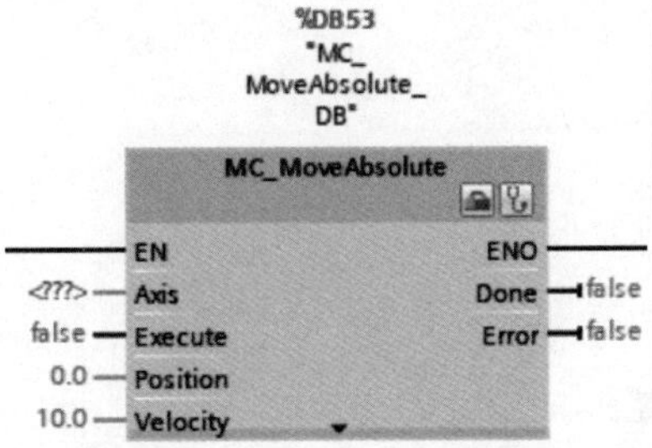

LAD	输入/输出	参数的含义
	EN	使能
	Axis	轴工艺对象
	Execute	上升沿时启动命令
	Position	绝对目标位置
	Velocity	由于所组态的加速度和减速度以及待接近的目标位置等原因，不会始终保持这一速度
	Done	命令已完成
	Error	错误

4）MC_MoveJog 以点动模式移动轴指令

在点动模式下以指定的速度连续移动轴。正向点动和反向点动不能同时触发，参数如表 4-4-4 所示。

表 4-4-4　MC_MoveJog 以点动模式移动轴指令参数

LAD	输入/输出	参数的含义
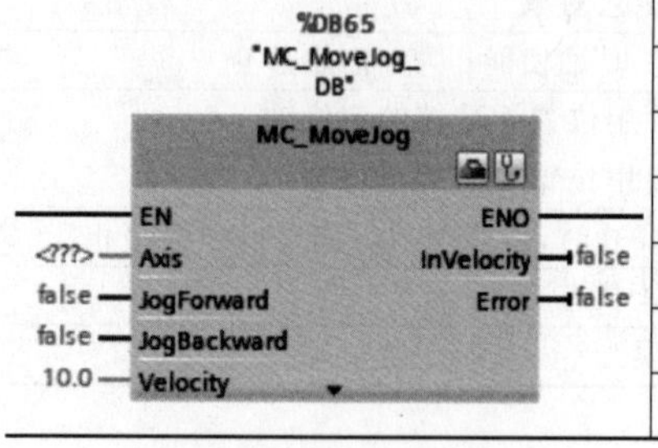	EN	使能
	Axis	轴工艺对象
	JogForward	点动正转
	JogBackward	点动反转
	Velocity	点动模式的预设速度
	InVelocity	达到参数 Velocity 中指定的速度
	Error	错误

3. 常见功能所用编程指令

（1）点动功能。点动功能至少需要 MC_Power、MC_Reset 和 MC_Jog 指令。

（2）绝对运动。绝对运动功能需要 MC_Power、MC_Reset、MC_Home、MC_MoveAbsolute 和 MC_Halt 指令。

在触发 MC_MoveAbsolute 指令前需要轴有回原点完成信号才能执行。

（3）相对距离运行。相对速度控制功能，需要 MC_Power、MC_Reset、MC_MoveRelative 和 MC_Halt 指令。

（4）以速度连续运行。相对速度控制功能，需要 MC_Power、MC_Reset 和 MC_MoveVelocity 以及 MC_Halt 指令。

任务 4.5　RFID 读/写及显示

任务 4.5
微课视频

任务 4.5
二维动画

学习目标

1. 知识目标

（1）了解 RFID 的工作原理。

（2）了解西门子工业识别系统产品的操作指令。

2. 能力目标

（1）掌握 SIMATIC Ident 工艺对象的添加和参数设置。

（2）会在 TIA Portal V15.1 中编写 RFID 读/写及显示程序并下载调试。

3. 情感目标

(1) 提升敬业爱岗和良好的团队合作精神。

(2) 培养学习新技术和新知识的自修能力。

任务描述

大型工厂的自动化流水作业线上使用 RFID 技术，实现了物料跟踪和生产过程自动控制、监视，提高了生产效率，改进了生产方式，降低了生产成本。请同学们使用 S7-1200 PLC 通过 Profinet 连接 RF185C 和 RF340R GEN2 阅读器，在 TIA STEP7 V15.1 软件环境下，实现与西门子工业识别系统的通信，使用 Ident 指令块，实现对标签 RF340R 进行读/写操作。硬件明细如表 4-5-1 所示。

表 4-5-1 硬件明细表

硬件名称	数量
CPU1215C DC/DC/DC	1
TIA STEP7 Professional V15.1	1
RF185C	1
RF340R GEN2	1
RF340T	1

注：相关接头和电缆订货号请查阅 RF185C 手册。

学习工作流程

学习活动 1：RFID 读/写程序的编写。

学习活动 2：代码录入、清除代码、仓库工件显示界面程序的编写。

相关知识

1. RFID 概念

无线射频识别即射频识别技术(radio frequency identification，RFID)，它是自动识别技术的一种，通过无线射频方式进行非接触双向数据通信，利用无线射频方式对记录媒体(电子标签或射频卡)进行读/写，从而达到识别目标和数据交换的目的，其被认为是 21 世纪最具发展潜力的信息技术之一。

2. 工作原理

RFID 技术的基本工作原理：标签进入阅读器后，接收阅读器发出的射频信号，凭借感应电流所获得的能量发送出存储在芯片中的产品信息(passive tag，无源标签或被动标签)，或者由标签主动发送某一频率的信号(active tag，有源标签或主动标签)，阅读器读取信息并解码后，送至中央信息系统进行有关数据处理。

3. 组成部分

完整的 RFID 系统由阅读器(reader)(图 4-5-1)、电子标签(tag)(图 4-5-2)和数据管理系统三部分组成。

图 4-5-1　西门子 RF340R GEN2

图 4-5-2　西门子 RFID 电子标签

4. 添加工艺对象

使用 SIMATIC Ident 工艺对象进行组态,可以将 RFID 阅读器的硬件配置参数与 S7-1200/S7-1500 控制器的程序关联在一起,这样,可以有效防止手动对设备参数分配时出现错误。自 TIA STEP7 V14 SP1 版本开始,可以通过添加工艺对象的方式组态 RFID 产品的参数块。

5. 工业识别操作指令

在 TIA STEP7 V15.1 指令卡的“选件包”中,包含了西门子工业识别系统产品的操作指令,打开 PLC 的编程界面,通过双击或拖拽的方式添加指令到程序中。

1) 读取指令 Read

Read 块从发送应答器读取用户数据,并将这些数据输入到 IDENT_DATA 缓冲区中。读取指令 Read 参数如表 4-5-2 所示。

表 4-5-2　读取指令 Read 参数表

LAD	参　数	数 据 类 型	描　　述
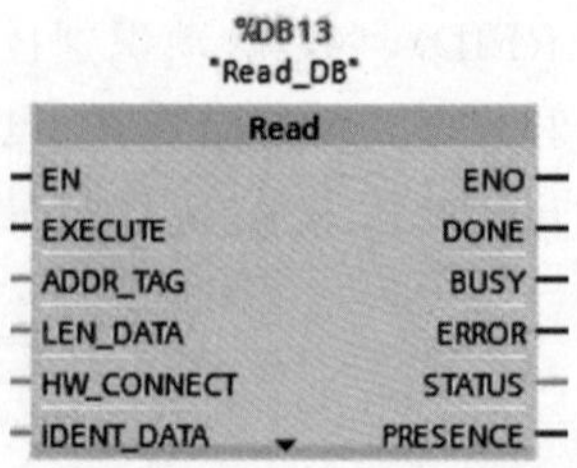	EXECUTE	BOOL	此输入中存在上升沿时,块才会执行相应命令
	ADDR_TAG	DWORD	启动读取的发送应答器所在的物理地址
	LEN_DATA	BETY	EPC-ID/UID 的长度,默认值
	HW_CONNECT	IID_HW_CONNECT	Ident 设备的 TO_Ident 工艺对象
	IDENT_DATA	ANY/VARIANT	存储/读取数据的数据缓冲区

2) 写入指令 Write

Write 块会将 IDENT_DATA 缓冲区中的用户数据写入发送应答器。写入指令 Write 参数如表 4-5-3 所示。

表 4-5-3　写入指令 Write 参数表

LAD	参　数	数据类型	描　　述
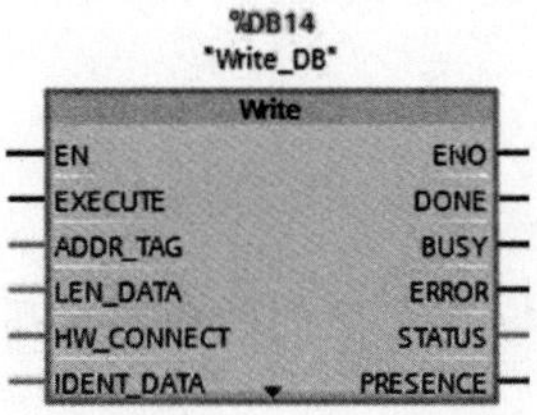	EXECUTE	BOOL	此输入中存在上升沿时，块才会执行相应命令
	ADDR_TAG	DWORD	启动写入的发送应答器所在的物理地址
	LEN_DATA	WORD	待写入数据的长度
	HW_CONNECT	Array[1...62] of Byte	Ident 设备的 TO_Ident 工艺对象
	IDENT_DATA	Any/Variant	待写入数据的数据缓冲区

3）复位指令 Reset_Reader

通过 Reset_Reader 块，可复位 Siemens RFID 系统的所有阅读器类型。复位指令 Reset_Reader 参数如表 4-5-4 所示。

表 4-5-4　复位指令 Reset_Reader 参数表

LAD	参　数	数据类型	描　　述
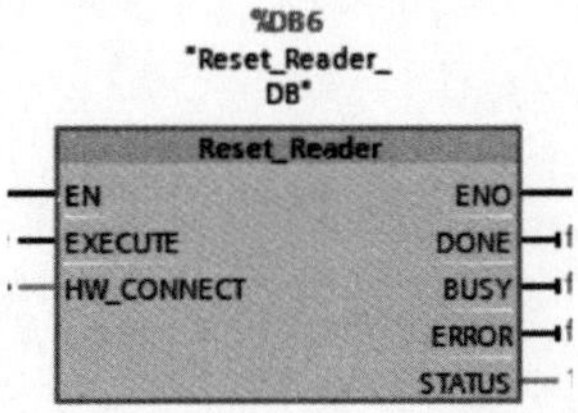	EXECUTE	DWORD	此输入中存在上升沿时，块才会执行相应命令
	HW_CONNECT	IID_HW_CONNECT	Ident 设备的 TO_Ident 工艺对象

任务 4.6　主控 PLC 与工业机器人之间的通信编程及应用

学习目标

1. 知识目标

（1）了解以太网的通信基础。

（2）掌握 MB_CLIENT 指令中各参数的含义。

（3）掌握 PLC 的编程思路。

任务 4.6 微课视频

任务 4.6 二维动画

2. 能力目标

（1）会在 TIA Portal V15.1 中编写 PLC 与工业机器人通信的程序。

（2）会下载并调试程序。

3. 情感目标

(1) 提升敬业爱岗和良好的团队合作精神。

(2) 具备一定的学习新技术和新知识的自修能力。

(3) 形成较强的安全和环保意识。

任务描述

运用 Modbus TCP 完成 PLC 与机器人的通信建立，实现机器人与 PLC 之间的数据交互。

(1) PLC 发送信号 11，工业机器人运行 a 轨迹。

(2) PLC 发送信号 22，工业机器人运行 b 轨迹。

具体要求如下。

(1) 工业机器人设置为自动运行状态，做好准备给 PLC 发送信号 100。

(2) 工业机器人运行时给 PLC 发送信号 200。

(3) a 轨迹：从料仓抓取料筒送往变位器。

(4) b 轨迹：从传送带上抓取法兰放到变位器上的料筒中。

学习工作流程

学习活动 1：PLC 与工业机器人 Modbus_TCP 通信编程。

学习活动 2：编写 PLC 和 HMI 程序控制工业机器人运动。

相关知识

1. S7-1200 Modbus TCP 通信指令块

STEP 7 V16 SP1 软件版本中的 Modbus TCP 库指令目前最新的版本已升至 V5.2，如图 4-6-1 所示。该版本的使用需要具备以下两个条件：①软件版本 STEP 7 V15.1 SP1 及其以上；②固件版本 S7-1200 CPU 的固件版本 V4.0 及其以上。

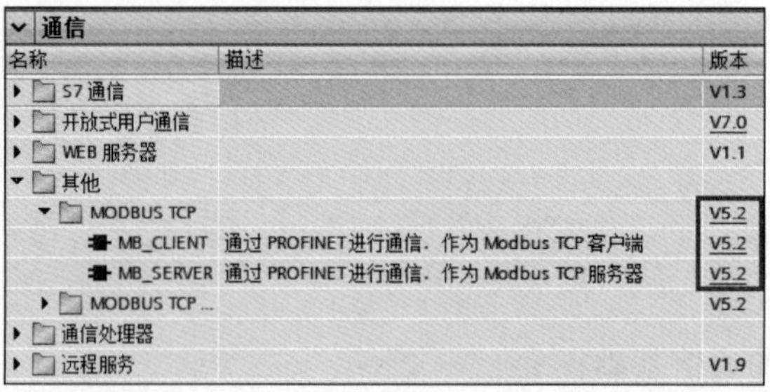

图 4-6-1 Modbus TCP V5.2 版本指令块

(1) Modbus TCP 没有主站、从站之分，但有服务器(server)与客户端(client)之分，发出数据请求的一方为客户端，做出数据应答的一方为服务器。

(2) 工业机器人与 PLC 进行 Modbus TCP/IP 通信时，工业机器人为 Modbus 服务端，PLC 为客户端，因此在 PLC 程序中，应选择 MB_CLIENT 通信函数块，进行通信的设置。

(3) MB_CLIENT 指令作为 Modbus TCP 客户端通过 PROFINET 连接进行通信。通过 MB_CLIENT 指令,可以在客户端和服务器之间建立连接、发送 Modbus 请求、接收响应并控制 Modbus TCP 客户端的连接终端。

(4) 可通过 CPU 或 CM/CP 的本地接口建立连接。

(5) 使用该指令时,无须其他任何硬件模块。

(6) 多个客户端连接。

Modbus TCP 客户端可以支持多个 TCP 连接,连接的最大数目取决于所使用的 CPU。一个 CPU 的总连接数包括 Modbus TCP 客户端和服务器的连接数,不能超过所支持的最大连接数。Modbus TCP 连接还可由 MB_CLIENT 和/或 MB_SERVER 实例共用。

(7) 使用各客户端连接时,请记住以下规则:

① 每个 MB_CLIENT 连接必须使用唯一的背景数据块。

② 对于每个 MB_CLIENT 连接,必须指定唯一的服务器 IP 地址。

③ 每个 MB_CLIENT 连接都需要一个唯一的连接 ID。

④ 该指令的各背景数据块必须使用各自相应的连接 ID。连接 ID 与背景数据块组合成对,对每个连接,组合对必须唯一。

⑤ 根据服务器组态,可能需要或不需要 IP 端口的唯一编号。

⑥ MB_CLIENT 调用过程中统一输入数据。

⑦ 调用 Modbus 客户端指令时,输入参数的值将存储在内部并在下一次调用时进行比较。这种比较用于确定这一特定调用是否初始化当前请求。如果使用一个通用背景数据块,那么可以执行多个 MB_CLIENT 调用。在执行 MB_CLIENT 实例的过程中,不得更改输入参数的值。如果在执行过程中更改了输入参数,则将无法使用 MB_CLIENT 检查实例当前是否正在执行。

2. 系统配置

PLC 型号 1215 DC/DC/DC,固件版本 V4.2,IPC 为华数三型系统,如表 4-6-1 所示。

表 4-6-1　系统配置

平台类型		A 型	B 型
说明		不带行走轴/5 台	带行走轴/5 台
IP 地址		192.168.0.1	192168.1.1
示教器		192.168.0.5	192.168.1.5
端口号		502	
通信模式		PLC 作客户端,IPC 作服务器	
DI 配置(PLC 写入)	Modbus 地址	1	
	数据类型	Bool	
	数量	256	
	开始地址	DI[33]	
DO 配置(PLC 读取)	Modbus 地址	1001	
	数据类型	Bool	
	数量	256	
	开始地址	DO[33]	

续表

R 寄存器配置 (PLC 写入)	Modbus 地址	40001
	数据类型	UINT
	数量	64
	开始地址	R1
R 寄存器配置 (PLC 读取)	Modbus 地址	3001
	数据类型	UINT
	数量	64
	开始地址	R65

3. S7-1200 Modbus TCP 客户端编程

将 MB_CLIENT 指令块在“程序块→OB”中的程序段里调用，调用时会自动生成背景数据 DB 块(图 4-6-2)，单击确定即可。

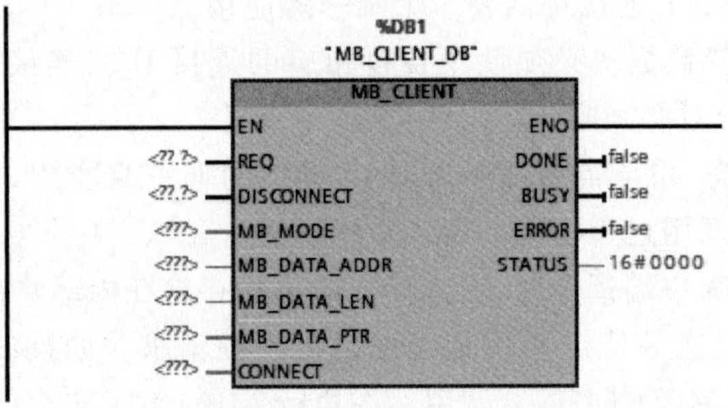

图 4-6-2 Modbus TCP 客户端指令块

MB_CLIENT 指令块各个引脚的定义如表 4-6-2 所示。

表 4-6-2 MB_CLIENT 指令块各个引脚的定义

参 数	声明	数据类型	说 明
REQ	Input	BOOL	与服务器之间的通信请求，上升沿有效
DISCONNECT	Input	BOOL	通过该参数，可以控制与 Modbus TCP 服务器建立和终止连接。0(默认)：建立连接；1：断开连接
MB_MODE	Input	USINT	选择 Modbus 请求模式(读取、写入或诊断)。0：读；1：写
MB_DATA_ADDR	Input	UDINT	由 MB_CLIENT 指令所访问数据的起始地址
MB_DATA_LEN	Input	UINT	数据长度：数据访问的位或字的个数
MB_DATA_PTR	InOut	VARIANT	指向 Modbus 数据寄存器的指针
CONNECT	InOut	VARIANT	指向连接描述结构的指针 TCON_IP_v4(S7-1200)
DONE	Out	BOOL	如果最后一个 Modbus 作业成功完成，则输出参数 DONE 中的该位将立即置位为 1
BUSY	Out	BOOL	0：无正在进行的 Modbus 请求 1：正在处理 Modbus 请求
ERROR	Out	BOOL	0：无错误 1：出错。出错原因由参数 STATUS 指示
STATUS	Out	WORD	指令的详细状态信息

项目5

工业机器人智能检测与装配工作站的安装与调试

项目描述：某企业有一台工业机器人智能检测与装配工作站，请同学们配合企业技术人员一起对该设备进行现场编程调试。对PLC、HMI进行组态和相关通信编程，在示教盒中创建并设置机器人控制、相机控制、PLC控制等多个任务，编写工业机器人程序，实现工业机器人关节部件半成品以及返修品的上料、输送、检测、装配和入库过程。

思维导图

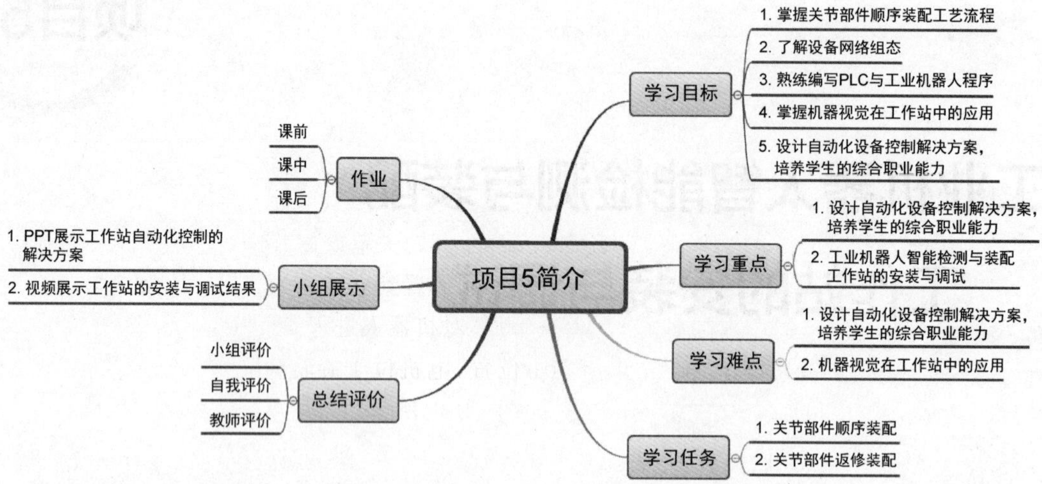

细语润心田

通过工业机器人智能检测与装配工作站的安装与调试，提升学生们的综合职业能力。一是让学生能针对个人或职业发展的需求，采用合适的方法，自主学习，适应社会发展；二是在设计控制方案中培养学生的创新意识；三是让学生能主动与其他专业的学生合作开展工作，完成团队分配的工作，承担团队成员的角色和责任；四是在任务实施中具有较强的安全生产、环境保护和节约资源的意识。

任务 5.1 关节部件顺序装配

任务 5.1 微课视频

任务 5.1 二维动画

学习目标

1. 知识目标

（1）掌握关节部件顺序装配工艺流程。
（2）了解设备网络组态。
（3）熟练编写 PLC 与工业机器人程序。
（4）熟练搭建视觉流程。

2. 能力目标

（1）能够绘制 PLC 程序流程图。
（2）能够实现工业机器人智能检测。

（3）关节部件顺序装配的调试和优化。

3. 情感目标

（1）提升敬业爱岗和良好的团队合作精神。

（2）培养学生精益求精，追求卓越的工匠精神。

（3）了解国情，具有推动技术革新的责任感。

任务描述

完成一套关节部件的装配（含 4 个零件的装配，其中关节底座、电机部件、减速器和输出法兰各 1 个）。装配完成后，将装配完整的关节成品放置到立体库 101 位置。要求对视觉进行标定、对总控 PLC 进行编程、对 HMI 进行编程、对机器人进行编程。

装配开始时，关节底座放置于立体库 101 位置，电机位于旋转料仓的某个位置，输出法兰和减速器部件均手动放置于井式料仓中，如图 5-1-1 所示。

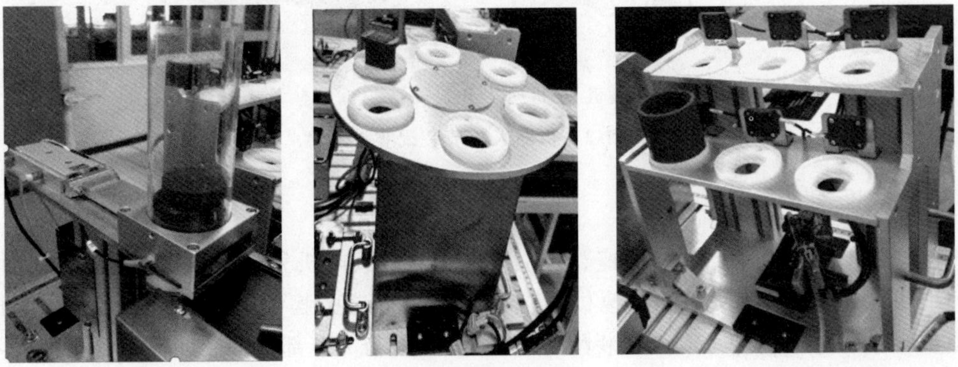

图 5-1-1　模块示意图

学习工作流程

学习活动 1：关节部件顺序装配 PLC 与工业机器人编程。

学习活动 2：关节部件顺序装配联调。

相关知识

1. 硬件设备的连接点位

硬件设备的连接点位如表 5-1-1 所示。

表 5-1-1　硬件设备连接点

IO 信号点	功 能 说 明	IO 信号点	功 能 说 明
DO[8]	快换松	I0.2	旋转供料台原点
DO[9]	快换紧	I0.3	旋转供料台工件检测
DO[10]	夹具松	I0.4	皮带末端工件检测
DO[11]	夹具紧	Q0.2	皮带启停

续表

IO 信号点	功 能 说 明	IO 信号点	功 能 说 明
DO[12]	吸盘	QO.3	装配台气缸紧
DO[49]	变位机气缸夹紧指令	QO.5	井式供料气缸伸出
DO[51]	变位机气缸松开指令	QO.6	井式供料气缸缩回

2. 机器人关节装配零件

工作信息二维动画

机器人关节装配零件示意如图 5-1-2 所示。

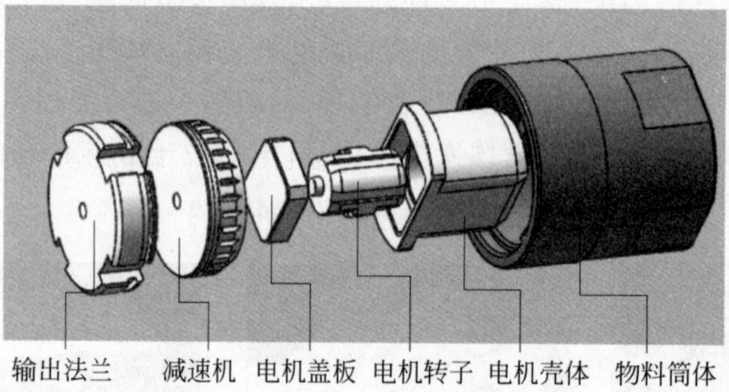

图 5-1-2 机器人关节装配零件示意

3. 装配工艺

装配的零部件包含了关节底座、输出法兰、减速机、电机盖板、电机转子、电机壳体共 6 个不同组件，其中输出法兰和减速机还包含了黄色、白色、蓝色三种不同的颜色。电机盖板、电机转子和电机壳体可以预先装配为电机部件，参与关节部件的装配。初始条件的不同会直接影响装配工艺的复杂程度，判断初始状态是制定装配工艺的第一步。

1）工件信息录入

当初始条件给定时，只需要依据初始条件制定相应的装配工艺流程。初始条件中，电机属于一个部件，若电机装配未完成，需要先进行电机装配。在装配开始之前，需要先手动设定装配的工件信息，信息录入的流程如图 5-1-3 所示。

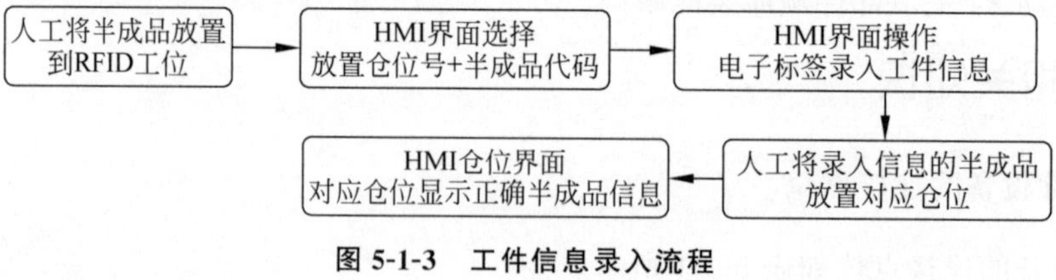

图 5-1-3 工件信息录入流程

2）顺序装配

顺序装配是将关节底座、电机、减速器、输出法兰依次进行装配的流程。当初始条件中，电机部件已经装配完成，则依次进行装配即可，如图 5-1-4 所示给出了它的工艺流程。当初始条件中，电机部件未装配时，需要先进行电机装配，然后再进行顺序装配。电机装配的流程是：先装配电机外壳，再装配电机转子，最后装配电机端盖。装配零部件如图 5-1-5 所示。使用机器视觉识别零部件的颜色和形状。

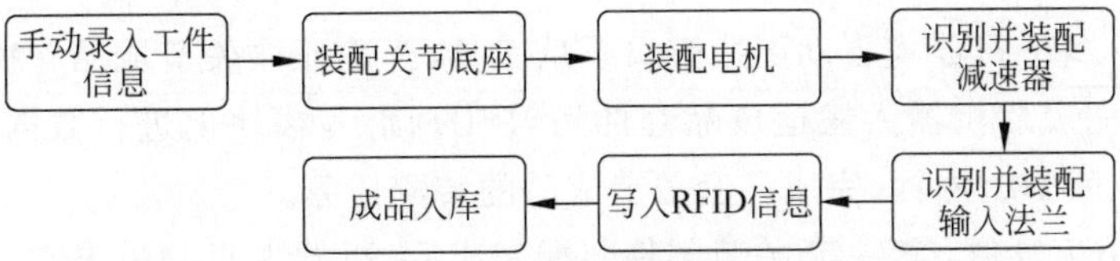

图 5-1-4 顺序装配流程图

输出法兰 减速器 电机 关节底座

图 5-1-5 装配零部件

3）工作站工作过程

（1）系统初始状态：工业机器人、视觉系统、变频器、伺服驱动器、PLC 处于联机状态，工业机器人处于原点位置[0°，−90°，180°，0°，90°，0°]，变位装配气缸、称重和 RFID 上没有工件，旋转供料盘处于原点，立体仓库 101 位置显示工件类型为 1。

（2）关节底座装配：按下 HMI 启动按钮，工业机器人自动抓取弧口手爪工具并返回原点后，机器人抓取立体库上关节底座工件，将关节底座搬运至变位机的定位模块上，定位气缸伸出固定关节底座工件，完成关节底座的装配。

（3）电机零件装配：机器人自动更换合适的工具，并控制转盘顺时针旋转，检测到电机工件后，转盘继续顺时针旋转 27°后自动停止，机器人正确抓取电机工件并装配到关节底座上。

（4）减速器上料：电机装配完成后，机器人控制上料气缸将供料筒中的一个减速器推出，2s 后自动缩回，实现减速器上料过程。

（5）减速器输送：减速器上料完成后，输送带立即开始运行，将减速器输送至输送带末端，待末端传感器检测到工件后输送带自动停止。

（6）减速器检测：减速器输送至末端且输送带停止后，触发相机拍照，获取减速器信息，并将信息传送给机器人。

（7）减速器装配：机器人自动更换吸盘工具且获取减速器信息后，机器人调整吸盘角度正确吸持减速器工件，将减速器正确搬运至关节底座内，完成减速器的装配。

（8）输出法兰上料：减速器装配完成后，机器人控制上料气缸将供料筒中的一个输出法兰推出，2s 后自动缩回，实现输出法兰上料过程。

（9）输出法兰输送：输出法兰上料完成后，输送带立即开始运行，将输出法兰输送至输送带末端，待末端传感器检测到工件后输送带自动停止。

（10）输出法兰检测：输出法兰输送至末端且输送带停止后，机器人触发相机拍照，获取输出法兰角度信息，并将信息传送给机器人。

（11）输出法兰装配：机器人获取输出法兰信息后，机器人调整吸盘角度正确吸持输出法兰工件，将输出法兰正确搬运至关节底座内，完成输出法兰的装配。

(12) 成品入库：机器人自动更换弧口手爪工具，正确抓取关节成品并搬运至称重模块进行称重，称重完成后机器人搬运成品套件到 RFID 读/写模块上进行数据写入，再将关节成品搬运至立体库 101 位置，完成一套关节成品的装配任务。

(13) 系统结束复位：待一套关节部件装配完成后，机器人自动将末端工具放入快换装置并返回工作原点[0°，-90°，180°，0°，90°，0°]，旋转供料单元自动复位，变位机自动复位到水平状态。

任务 5.2 关节部件返修装配

任务 5.2
微课视频

学习目标

1. 知识目标

(1) 掌握关节部件返修品装配工艺流程。
(2) 了解设备网络组态。
(3) 熟练编写 PLC 与工业机器人程序。
(4) 熟练搭建视觉流程。

2. 能力目标

(1) 能够绘制 PLC 程序流程图。
(2) 能够实现工业机器人智能检测。
(3) 关节部件顺序装配的调试和优化。

3. 情感目标

(1) 在真实案例中能自觉遵守职业道德和规范，具有法律意识。
(2) 培养敬业、精益、专注、创新的"工匠精神"。

任务描述

装配开始时，关节部件顺序错乱，减速器位于关节底座中，电机位于旋转料仓的某个位置，输出法兰和其余减速器部件均手动放置于井式料仓中，如图 5-2-1 所示。

关节底座放置于立体库 101 位置。要求对视觉进行标定、对总控 PLC 进行编程、对 HMI 进行编程、对机器人进行编程，正确完成一套关节部件的装配。

学习工作流程

学习活动 1：关节部件返修装配 PLC 与工业机器人编程。
学习活动 2：关节部件返修装配联调。

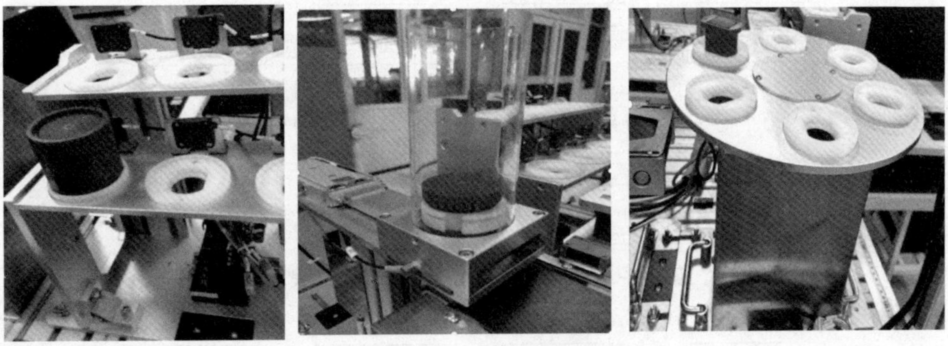

图 5-2-1　模块示意图

相关知识

1. 自动判断初始状态

装配零部件时，判断初始状态是制定装配工艺的第一步。

当初始状态未知，只是限定完成产品装配任务时，需要利用称重模块判断初始状态。记关节底座的质量为 A，电机部件的质量为 B，减速器的质量为 C，输出法兰的质量为 D。并且经过称重，A＞B＞C＞D。列出了初始状态中不同的质量组合情况。

其中，A 表示初始状态为关节底座状态，A＋B 表示初始状态为关节底座和电机部件状态，即已经将电机装配到关节底座中了，A＋C 表示初始状态为关节底座和减速器状态，即减速器在未装配电机的状态下，被先装配到关节底座，以此类推，如图 5-2-2 所示。不同的初始状态，其装配工艺也不同。

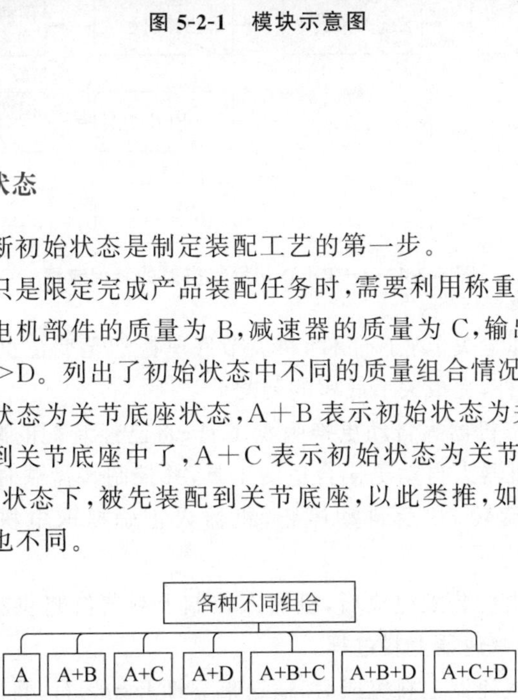

图 5-2-2　各种不同的质量组合

2. 返修关节装配

返修关节装配是初始条件的关节底座中存在顺序错乱的情况，如未装配电机情况下，先装配了减速器，即 A＋C 情况。因此，在装配之前，需要先将提前安装的部件进行拆除，然后重新按照顺序进行装配。图 5-2-3 给出了 A＋C 初始状态时的装配流程，图 5-2-4 给出了 A＋B＋D 初始状态时的装配流程。

3. 工作站工作过程

(1) 系统初始状态：工业机器人、视觉系统、变频器、伺服驱动器、PLC 处于联机状态，工业机器人处于原点位置[0°，－90°，180°，0°，90°，0°]，变位装配气缸、称重和 RFID 上没有工件，旋转供料盘处于原点，立体仓库 101 位置显示工件类型为 1。

(2) 关节底座装配：按下 HMI 启动按钮，工业机器人自动抓取弧口手爪工具并返回原

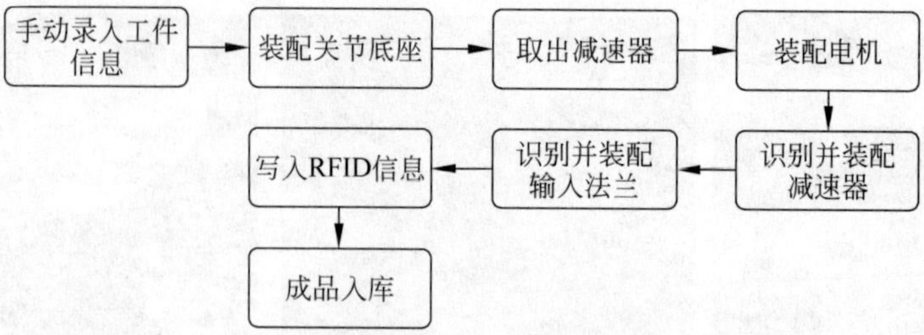

图 5-2-3 A+C 初始状态时的装配流程图

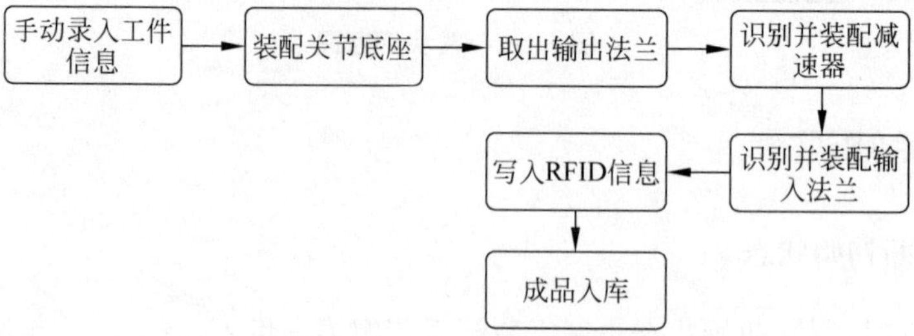

图 5-2-4 A+B+D 初始状态时的装配流程

点后，机器人抓取立体库上关节底座工件，将关节底座搬运至变位机的定位模块上，定位气缸伸出固定关节底座工件，完成关节底座的装配。

（3）电机零件装配：机器人自动更换吸盘工具，将已经装配的减速器从关节底座中取出，并放回井式料仓；机器人自动更换合适的工具，并控制转盘顺时针旋转，检测到电机工件后，转盘继续顺时针旋转 60°后自动停止，机器人正确抓取电机工件并装配到关节底座上。

（4）减速器上料：电机装配完成后，机器人控制上料气缸将供料筒中的一个减速器推出，2s 后自动缩回，实现减速器上料过程。

（5）减速器输送：减速器上料完成后，输送带立即开始运行，将减速器输送至输送带末端，待末端传感器检测到工件后，输送带自动停止。

（6）减速器检测：减速器输送至末端且输送带停止后，触发相机拍照，获取减速器信息，并将信息传送给机器人。

（7）减速器装配：机器人自动更换吸盘工具且获取减速器信息后，机器人调整吸盘角度正确吸持减速器工件，将减速器正确搬运至关节底座内，完成减速器的装配。

（8）输出法兰上料：减速器装配完成后，机器人控制上料气缸将供料筒中的一个输出法兰推出，2s 后自动缩回，实现输出法兰上料过程。

（9）输出法兰输送：输出法兰上料完成后，输送带立即开始运行，将输出法兰输送至输送带末端，待末端传感器检测到工件后输送带自动停止。

（10）输出法兰检测：输出法兰输送至末端且输送带停止后，机器人触发相机拍照，获取输出法兰角度信息，并将信息传送给机器人。

（11）输出法兰装配：机器人获取输出法兰信息后，调整吸盘角度正确吸持输出法兰工件，将输出法兰正确搬运至关节底座内，完成输出法兰的装配。

(12) 成品入库：机器人自动更换弧口手爪工具，正确抓取关节成品并搬运至称重模块进行称重，称重完成后机器人搬运成品套件到 RFID 读/写模块上进行数据写入，再将关节成品搬运至立体库 101 位置，完成一套关节成品的装配任务。

(13) 系统结束复位：待一套关节部件装配完成后，机器人自动将末端工具放入快换装置并返回工作原点[0°,−90°,180°,0°,90°,0°]，旋转供料单元自动复位，变位机自动复位到水平状态。

参考文献

[1] 杨威，孙海亮，宋艳丽．工业机器人技术及应用[M]．武汉：华中科技大学出版社，2019.

[2] 卢清波，宋艳丽，严峻．工业机器人技术基础[M]．武汉：华中科技大学出版社，2018.

[3] 廖常初．S7-1200 PLC 应用教程[M]．2 版．北京：机械工业出版社，2020.

[4] 廖常初．西门子人机界面[M]．北京：机械工业出版社，2018.

[5] Siemens AG. S7-1200 系统手册[Z]．2019.

续表

内　容	动　作	完成情况	备注
电机部件装配	按下 HMI 按钮，机器人抓取直口工具		
	机器人正确抓取电机		
	机器人正确装配电机		
	将直口工具自动放回快换装置		
减速器装配	机器人自动抓取吸盘工具		
	井式供料单元将减速器上料		
	上料后井式供料单元气缸缩回		
	正确输送减速器工件		
	检测到工件后输送带停止		
	正确完成蓝色减速器抓取		
	正确将蓝色减速器放置在关节底座内		
	将吸盘工具自动放回快换装置		
法兰装配	机器人自动抓取吸盘工具		
	井式供料单元将法兰上料		
	上料后井式供料单元气缸缩回		
	正确输送法兰工件		
	检测到工件后，输送带停止		
	正确完成法兰抓取		
	校正法兰装配角度，并装配		
	将吸盘工具自动放回快换装置		
职业素养	遵守纪律，无安全事故		
	工位保持清洁，物品整齐		
	着装规范整洁，佩戴安全帽		
	操作规范，爱护设备		

(3) 以小组为单位制作视频，展示关节部件返修装配的联调结果。

疑难问题

(1) ______________________________

____

____

(2) ______________________________

____

____

任务评价

1. 小组互评表

在设备联调中，根据表 5-2-7 中的评价内容，小组之间互评分并提出建议填在表 5-2-7 中。

表 5-2-7 小组互评表

评价内容	评价分值	小组互评	成员建议
理论知识掌握的情况	40		
实践操作掌握的情况	40		
参与讨论问题的表现	10		
职业素养	10		

2. 自我评价表

学生根据自己对知识的掌握情况以及课堂中的表现，在表 5-2-8 相应的位置画"√"。

表 5-2-8 自我评价表

评价内容	一般	良好	优秀	自我反思
视觉标定				
PLC 与工业机器人程序编写的能力				
设备联调				

3. 教师评价表

教师对学习活动做出汇总及评价，并填在表 5-2-9 中。

表 5-2-9 教师评价表

评价内容	指导教师评价
课堂中的表现	
问题的填写情况及操作是否规范	
建议	